U0174145

ABB工业机器人典型应用案例详解

智通教育教材编写组　编

主　编　李纲领　黄远飞

副主编　黄廷胜　谢　承　张　华　王刚涛

参　编　马尊迎　谭卫锋　辛选飞　钟海波　叶云鹏

　　　　　韦作潘　田增彬　崔恒恒　梁　柱　刘　刚

　　　　　黄绍艺　郭　晨　张振海　刘俊峰　夏骁博

　　　　　王天宇　贺石斌　赵　君　胡　军　李　涛

机械工业出版社

本书以 ABB 工业机器人为例，深入解析了工业机器人在实际生产中的装配、拆垛下料、CNC 取放料、弧焊、高速分拣 5 个典型应用案例。本书为每一个应用案例都附上了虚拟仿真工作站（通过手机扫描书中相应二维码下载）。书中每一个案例都详细剖析了各应用场景所用到的相应机器人技术，包括虚拟信号、区域监控、伺服软化、系统信号关联、系统事件关联、多机联动协作、弧焊工艺包、传输跟踪等。案例中不仅使用了垂直串联机器人，而且使用了平行串联机器人（SCARA 机器人）、并联机器人（IRB 360），使一书囊括了多种不同结构类型的机器人，尽可能地满足了读者对于工业机器人的技术应用需求。为便于读者学习，提供 PPT 课件，可联系 QQ296447532 获取。

　　本书适合从事工业机器人应用开发、调试、现场维护的工程技术人员学习和参考，而且适合高等职业院校工业机器人技术专业的学生使用。

图书在版编目（CIP）数据

ABB 工业机器人典型应用案例详解 / 智通教育教材编写组编.
—北京：机械工业出版社，2020.6（2023.2重印）
ISBN 978-7-111-65523-7

Ⅰ．①A… Ⅱ．①智… Ⅲ．①工业机器人—案例 Ⅳ．①TP242.2

中国版本图书馆CIP数据核字（2020）第077626号

机械工业出版社（北京市百万庄大街22号　邮政编码100037）
策划编辑：周国萍　　　责任编辑：周国萍
责任校对：陈　越　　　封面设计：马精明
责任印制：张　博
北京建宏印刷有限公司印刷
2023年2月第1版第4次印刷
184mm×260mm · 12.75印张 · 301千字
标准书号：ISBN 978-7-111-65523-7
定价：49.00元

电话服务　　　　　　　　　　　网络服务
客服电话：010-88361066　　　机　工　官　网：www.cmpbook.com
　　　　　010-88379833　　　机　工　官　博：weibo.com/cmp1952
　　　　　010-68326294　　　金　书　网：www.golden-book.com
封底无防伪标均为盗版　　　机工教育服务网：www.cmpedu.com

前言

随着技术的发展以及人们生活水平的提高，机器换人已经成为一种公认的趋势。机器人应用获得企业的青睐、国家政策的大力支持及推广，不仅是因为机器人可以24h不间断的工作，还因为在无人或少人的情况下也可以快速进入生产，保证工厂的正常运行，使更多的人可以从体力劳动中解放出来，从事其他工作。

据国际机器人联合会（IFR）统计，从20世纪下半叶起，世界机器人产业一直保持着稳步增长的良好势头。进入90年代后，机器人产品发展速度加快，年增长率平均在10%左右，2000年增长率上升到15%，21世纪初工业机器人突破了100万台。

如今，工业机器人已被广泛应用于各个领域，作业方式也不再是简单的搬运，而是能够实现更为复杂的及高精度的作业，比如焊接、装配、喷涂、压铸、分拣、切割、包装等，同时搭配离线编程、视觉、传感器等技术，可以使工作更加准确和高效。

本书根据工业机器人最新的实际行业应用情况来编写，从汽车、3C产品、五金家具、食品包装等热门行业提炼出5个典型应用案例为读者进行讲解，包含装配应用案例、拆垛下料应用案例、CNC取放料应用案例、弧焊应用案例和高速分拣应用案例。

本书以全球领先的ABB工业机器人为对象，可以使用ABB公司的工业机器人仿真软件RobotStudio对配套的案例工作站进行离线学习。值得一提的是，本书比其他同类书籍有更多的可圈可点之处，本书不仅对垂直串联机器人进行应用案例讲解，而且对水平串联机器人（SCARA机器人）、并联机器人（IRB 360）的相关案例进行了讲解，知识点更为全面。弧焊应用案例除了常规的焊接指令及焊接配置讲解以外，还对双机协作和外部轴相关指令进行了讲解；CNC取放料应用案例中新增了导轨，使整个作业流程更为完整、流畅，更多优点就不一一细说，等广大读者亲自去发现。本书为读者提供各应用工作站的源文件，可通过手机扫描书中相应二维码下载。为便于读者学习，提供PPT课件，可联系QQ296447532获取。

本书不仅适合从事工业机器人应用开发、调试、现场维护的工程技术人员学习和参考，而且适合高等职业院校工业机器人技术专业学生使用。

在这里，要特别感谢每位参与编写的智通教育工程师们的辛苦付出，他们为中国智能制造的发展贡献了自己的力量，并无私奉献了自己的知识。由于编写时间仓促，加上作者水平有限，书中难免存在错误和不妥之处，恳请广大读者批评指正。

智通教育教材编写组

目录

第1章

工业机器人在不同领域的应用

1.1　工业机器人在国内的保有量与增长趋势

    1920 年捷克作家卡雷尔·查培克在其剧本《罗萨姆的万能机器人》中最早使用机器人一词，剧中机器人 "Robot" 这个词的本意是苦力，即一个具有人的外表、特征和功能的机器，是一种人造的劳力。20 世纪 40 年代中后期，机器人的研究与发明得到了更多人的关心与关注。50 年代以后，美国橡树岭国家实验室开始研究能搬运核原料的遥控操纵机械手，1959 年，美国人约瑟夫·恩格尔伯格和乔治·德沃尔研制出了世界上第一台真正意义上的工业机器人 Unimate，如图 1-1 所示。

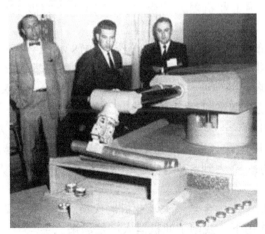

图　1-1

    如今，工业机器人已广泛应用于汽车、机械制造、电子工业等生产领域，并逐步扩展到核能、采矿、冶金、石油、化学、航空、航天、船舶、建筑、纺织、制衣、医药、生化、食品等工业领域，其在非工业领域中也有应用，如农业、林业、畜牧业、养殖业等。随着工业机器人的广泛应用，人类可从繁重、重复单调、有害健康和危险的生产劳动中解放出来，从而有更多的时间去学习、研究和创造。未来工业机器人将逐渐成为人类社会生产活动的"主劳力"。图 1-2 为多台工业机器人在进行焊接作业。

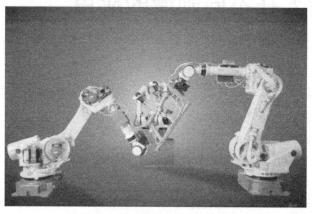

图 1-2

我国的机器人研究开发工作始于 20 世纪 70 年代初，到现在已经历了 50 年的历程。前 10 年处于研究单位自行开展研究工作状态，发展比较缓慢。在"七五""八五""九五"机器人技术国家攻关、"863"高技术发展计划的重点支持下，我国的机器人技术取得了重大发展。在国家规划《中国制造 2025》提出后，工业机器人的应用及研究更是进入了快速发展期。

中国工业机器人的密度增长速度最快，2013 年的密度为 14 台 / 万人，2016 年的密度为 68 台 / 万人，2017 年达到 97 台 / 万人，首次超过全球的平均水平。2017 年全世界工业机器人密度前五名排位顺序依次是韩国、新加坡、德国、日本、瑞典，他们的密度分别是 631 台 / 万人、488 台 / 万人、309 台 / 万人、303 台 / 万人、233 台 / 万人。据国际机器人联合会（IFR）预计，中国工业机器人的密度将在 2021 年突破 130 台 / 万人，达到发达国家的平均水平。

根据国家统计局公布的《战略新兴产业分类（2018）》，新一代信息技术产业中人工智能和高端装备制造产业中的机器人与增材设备制造均与机器人产业紧密相关，机器人产业是我国重点发展的战略新兴产业。2012 年起我国机器人市场进入高速增长期，连续 6 年成为全球第一大应用市场，服务机器人需求潜力巨大，特种机器人应用场景显著扩展。

图 1-3 为 2013—2018 年全球及中国机器人市场规模。图 1-4 为 2013—2018 年中国机器人产业规模占全球规模比重。图 1-5 为 2018 年全球和中国机器人细分市场规模占比。2018 年我国机器人市场规模达到 87.4 亿美元，其中，工业机器人 62.3 亿美元，占比为 71%。

2013 年，我国超过日本成为全球最大工业机器人市场之后，至今保持这一地位。同时，在强大的"供需法则"作用下，我国工业机器人产量激增。

据国家统计数据显示，2015 年我国工业机器人产量增长 21.7%；2016 年我国工业机器人累计产量为 7.2 万套，工业机器人产量累计增长 34.3%；2017 年我国工业机器人累计产量为 13.1 万套，工业机器人产量累计增长 68.1%；2018 年，我国工业机器人产量达到 14.8 万套，占全球产量的 38% 以上，呈现逐年递增、高速增长态势。

图　1-3

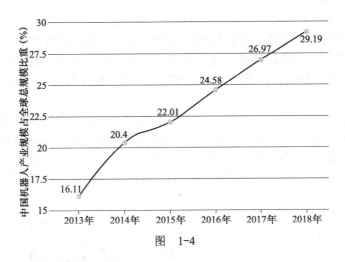

图　1-4

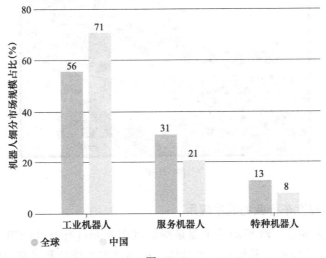

图　1-5

1.2 工业机器人在汽车行业中的应用

随着工业自动化的快速发展，工业机器人已被广泛应用于各个领域。尤其是汽车行业，一直是工业机器人的最大用户。在中国，大量的工业机器人被用于汽车行业，而其中 50% 以上的工业机器人又被应用于焊接作业，目的是将各个冲压件拼焊为车身。除此之外，工业机器人还被用于汽车行业中的工件搬运、冲压、涂胶、喷漆、装配、去毛刺等。

1. 工业机器人在汽车行业应用的优点

在汽车行业，无论是焊接、涂胶、喷漆还是去毛刺等作业，劳动环境恶劣，对人的身体要求非常极端，人的血肉之躯往往无法胜任，或长时间工作会造成人体伤害。也存在对某些工种的工艺要求非常高而人类的手工作业无法达标等情况。随着工业机器人技术应用范围的延伸和扩大，工业机器人迅速被用于从事这些危险、有害、有毒、低温和高热等恶劣环境中的工作，以及代替人完成繁重、单调的重复劳动，并可提高劳动生产率，保证产品质量。

2. 工业机器人在汽车行业的焊接应用

在汽车焊接方面，主要使用的是点焊机器人和弧焊机器人。

点焊机器人由机器人本体、计算机控制系统、示教盒和点焊焊接系统几部分组成，为了适应灵活动作的工作要求，其通常选用关节式工业机器人的基本设计，一般具有 6 个自由度：腰转、大臂转、小臂转、腕转、腕摆及腕捻。点焊机器人按照示教程序规定的动作、顺序和参数进行点焊作业。

弧接机器人的组成和原理与点焊机器人基本相同，其 3 个自由度用来控制焊具跟随焊缝的空间轨迹，另 3 个自由度保持焊具与工件表面有正确的姿态关系，这样才能保证良好的焊缝质量。弧接机器人广泛应用于汽车制造厂承重大梁和车身结构的焊接。

在汽车行业，每个焊接工作站通常由多个焊接机器人组成。图 1-6 所示为多台焊接机器人在进行汽车点焊作业。

图 1-6

3. 工业机器人在汽车行业的其他应用

（1）工业机器人涂装　汽车涂装主要是指对汽车表面进行连续涂膜工艺处理，使得汽车表面能够具有较强的防护、装饰和其他功能，提高汽车的质量及美观程度。最早的汽车涂装主要依靠人工喷涂进行，但喷涂的漆料一般都含有大量的苯、甲苯、二甲苯等具有较强危害性的化学成分，这对工作人员的身体健康将会造成较大的影响，采用工业机器人进行涂装作业，则可以避免工作人员直接接触大量化学物质，并且可以提高工作效率和涂装质量。图 1-7 所示为多台工业机器人在进行汽车涂装作业。

（2）工业机器人涂胶　工业机器人在汽车行业的涂胶应用主要涉及挡风玻璃、汽车的顶棚横梁和发动机盖的不同型号工件的涂胶工作。相比人工涂胶，工业机器人涂胶从事的工作量大，而且做工精细，质量好。图 1-8 所示为工业机器人在进行汽车挡风玻璃涂胶作业。

图　1-7　　　　　　　　　　　　图　1-8

（3）工业机器人去毛刺　机械零件在加工和制造过程中不可避免地会产生毛刺，毛刺的存在对零件的外观质量、加工精度、装配精度和再加工定位等许多方面都会产生不良影响。传统去毛刺大多采用手工加工，或者使用手持气动、电动工具通过打磨、研磨、锉等方式进行，容易导致产品不良率上升、效率低下、加工后的产品表面粗糙不均匀等问题。工业机器人去毛刺是通过安装工具或者通过夹持工件进行自动化去毛刺，能有效提高生产效率、产品良率，降低成本。

在汽车行业，工业机器人常被用于像汽车轮毂、汽车发动机零件（缸体、缸盖、曲轴、凸轮轴、连杆以及活塞）等其他零部件的去毛刺作业。图 1-9 所示为机器人在进行汽车发动机缸体的去毛刺作业。

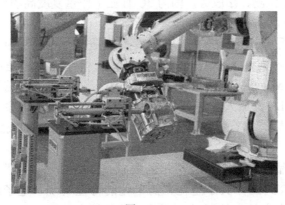

图　1-9

汽车行业作为工业机器人应用最为成熟的一个行业，具体的应用有很多，在这里就不一一赘述，如果想了解更多，可以关注"玩转工业机器人"微信公众号进行了解。

1.3 工业机器人在 3C 产品行业中的应用

3C 产品即计算机、通信和消费电子三类的总称，其中计算机又可以细分为台式计算机、笔记本计算机和平板计算机；通信产品包括手机和对讲机；消费电子种类繁多，如数码相机、影音娱乐设备等。

3C 产品行业属于劳动密集型产业，同时工作重复度高。中国依靠自身的人口红利，成为 3C 制造大国，占据了全球 70% 的产能，其中手机制造产能最高（32%）。这意味着 3C 产品的加工和组装工厂绝大部分都在中国。但是随着中国人力成本上升、老年化趋势加重，人口红利正逐渐消失，甚至出现招工难的现象。因此，自动化设备的需求正日益增加，工业机器人在 3C 行业的逐渐应用就是一个很好的体现。未来，随着工业机器人在 3C 产品行业的广泛应用，传统 3C 制造行业也会由劳动密集型向技术密集型方向发展。图 1-10 为传统 3C 行业生产场景。

图 1-10

工业机器人在 3C 行业加工中的应用层出不穷，包含又不限于分拣、上下料、组装、手机后盖抛光打磨、物品检测、贴胶等，因为 3C 行业工作重复度高的特点，无论哪种应用，工业机器人的使用对成品率和效率都有显著提高。

目前在 3C 制造领域，组装机器人用得最多的是 SCARA 型四轴机器人，其次是串联关节型垂直六轴机器人，大多数的机器人装配应用使用的都是这两种工业机器人，但随着类似 ABB YUMI 等协作机器人的诞生，这一现象可能会被改变。图 1-11 所示为 4 台 FANUC SR-3iA 机器人在进行电子产品组装，它们按工序完成电路板的点胶、螺钉锁紧、检测及贴标、螺钉拆除作业，并通过视觉系统，完成螺钉的有无检测和标签的识别定位。

为了满足电子产品组装加工日益严格的要求，工业机器人根据 3C 制造上的需求进行特制，比如 ABB IRB120，其小型化、简单化的特性实现了电子组装高精度、高效率的生产。在提高产品生产效率的同时，可减少设备的占地面积，降低企业的土地成本。图 1-12 为 ABB IRB120 在进行涂胶作业。图 1-13 为 ABB IRB120 搭配视觉系统在进行 3C 件组装作业。

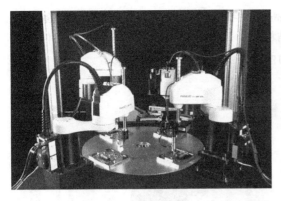

图　1-11　　　　　　　　　　　　　　　　图　1-12

图　1-13

1.4　工业机器人在五金家具行业中的应用

1．工业机器人在家具行业的应用

随着德国工业 4.0 以及中国制造 2025 战略的实施，各国家具制造业的制造模式和制造技术都在不断发展。根据目前工业机器人在家具不同阶段的生产应用，可以分为打磨、涂装、搬运、码垛、分拣、装配、AGV 运输等。

打磨可以改善家具表面的美观性，涂装可以影响产品的外观质量、耐候性、耐磨性等指标。木质家具打磨过程中粉尘污染严重，并且容易发生爆炸等安全事故，而涂装的涂料存在挥发性有机物，作业环境恶劣，这些都会直接危害操作者的身体健康，甚至相关岗位出现招工难的现象。打磨 / 涂装机器人的应用可以实现打磨 / 涂装自动化，有效降低对操作工的健康影响，并可以提升效率和精度。图 1-14 为打磨机器人对木质家具进行打磨，图 1-15 为涂装机器人在给家具进行涂装作业。

搬运、码垛和分拣也是工业机器人在家具行业的常见应用，通过工业机器人可以快速实现对家具工件或材料的相关作业。分拣作业通常会搭配视觉系统，经过工件识别和工件定位对所拍摄的图片进行分析，从而准确地进行分拣，实现不同板件依次分类，对降低人工出错率、提高生产效率、加快物流运转、减少生产时间影响重大。图 1-16 为两台 ABB 机器人在搬运及加工家具。

家具装配机器人即家具制造过程中用于对零件或部件进行装配的一类工业机器人，如对椅类装配、木门框架材料装配等，能有效提高装配自动化程度与装配精度。目前，家具行业一般采用直角坐标型装配机器人，因为其结构简单、操作简便，通常被用于零部件的移送、简单插入、打钉、涂胶等作业。图 1-17 为两台工业机器人在组装椅子。

图　1-14

图　1-15

图　1-16

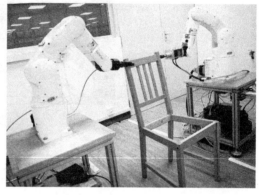

图　1-17

　　AGV 机器人是具有安全保护以及各种移载功能的运输车，能够沿着规定的导引路径行驶，可实现家具制造过程中物料的厂内物流输送，能够提高物流输送效率。图 1-18 为 AGV 机器人。

图　1-18

2. 工业机器人在五金行业的应用

中国是五金制造大国,传统五金产业同样属于劳动密集型产业。随着劳动力资源日益紧缺、单个人工成本上升,五金产业依靠低劳动力成本取得价格竞争优势的时代已经结束。高粉尘、高腐蚀、高温等恶劣环境下的工序甚至出现后继无人的现象。像生产过程的模具修复、产品去毛刺、模具的曲线焊接、抛光、涂装等成为工业机器人在五金行业的主要应用领域。图 1-19 为工业机器人夹持着五金压铸件进行打磨。图 1-20 为工业机器人进行五金件涂装作业。

图　1-19　　　　　　　　　　　　　图　1-20

1.5　工业机器人在食品包装行业中的应用

近年来,食品行业正在逐步使用机器人。研究表明,到 2022 年,食品自动化行业机器人市场规模将达到 25 亿美元。工业机器人之所以受欢迎,一方面是由于工业机器人相比传统设备,更具有灵活性,更能适应不同尺寸和形状物品的生产包装;另一方面,工业机器人在某些较复杂的工序(如排雷、装配等)相比人工操作更具有统一和稳定性,同时也能避免因人工操作而造成的食品污染。目前,工业机器人在食品中的应用主要集中于包装、拣选、码垛和加工,其中又属包装应用最为广泛。

1. 包装

包装一般有多种形式,根据物件的形状、材质、重量以及对洁净度的要求,包装程序较为复杂。目前用于包装的工业机器人主要有装袋机器人、装箱机器人、灌装机器人、包装输送机器人。ABB 包装线工业机器人产品系列包括 IRB340、IRB260、IRB660、IRB140、IRB 1600、IRB2400、IRB4400、IRB640、IRB6600 以及 IRB7600 等。随着机器人技术的成熟和产业化的实现,包装工程领域中应用机器人的范围越来越广。图 1-21 为工业机器人在进行食品装箱作业。

图 1-21

2. 拣选

拣选机器人可以将无规则堆放和散放在一起的一种或多种物品进行分拣，并放置到指定位置，比如将小颗粒的巧克力、饼干、面包或者包装的食品饮料快速抓取及放置。要实现智能化拾取，拣选机器人必须搭配视觉系统进行对象识别定位，这样工业机器人不仅能像人一样灵活，还能有足够的判断力，让生产效率大大提高。

当前，拣选机器人一般以并联机器人为主，也就是所谓的蜘蛛手机器人，通常是四轴，也有六轴并联机器人。图 1-22 为 ABB IRB360 并联机器人在香肠生产线上的分拣应用。

3. 码垛

目前食品行业生产使用码垛机器人很普遍，一般位于生产线的后端，用来处理生产线上的物料。使用工业机器人码垛不仅速度快、效率高，而且可以搬运较重的物品，大大节省了人力成本。

码垛机器人主要有直角坐标式机器人、关节式机器人和极坐标式机器人。码垛机器人用于纸箱、袋装、罐装、箱体、瓶装等各种形状的包装成品码垛作业。图 1-23 所示为传输带把生产好的产品输送至末端，再由工业机器人拾取到码盘上。

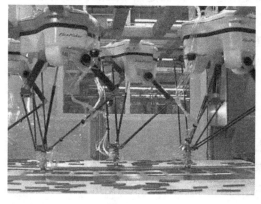

图 1-22

图 1-23

4. 工业机器人在食品包装行业中的其他应用

除了前面提到的三种应用以外，工业机器人在食品包装行业中的应用还有很多，比如加工、搬运、运输等。图 1-24 所示为蛋糕自动化生产线，其中应用了十几台工业机器人，主要用于面包装袋、面包出炉、盘子清洗等工序，不仅让员工从面包出炉的高温环境中解放出来，而且生产效率也大大提高。

还有像自动肉类切割机器人、刀削面机器人、凝乳切片机器人等。有的应用也许还不够成熟，或者还不够广泛，但从这些应用可以看到工业机器人的应用越来越多样化。图 1-25 为工业机器人在切割鸡腿，对肉制品切片和切块等。

本章我们对不同行业的工业机器人应用进行了概述，但需要注意的是，同一种工业机器人的应用是可能被用于不同行业的，比如装配，不仅被用于 3C 行业，在家具行业也很常见。

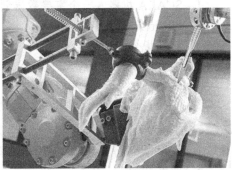

图　1-24　　　　　　　　　　　　　　　　　　图　1-25

课后练习题

1. 在汽车焊接方面，主要使用的是_____机器人和_____机器人。

2. 3C 产品即_____、_____和_____三类的总称。

3. ABB IRB360 机器人在生产线上的主要应用是_____。

4. 通过工业机器人进行工件打磨去毛刺作业，工件必须固定于工作台面而不能安装于工业机器人末端。（　　　）

5. 在 3C 行业，因为作业空间紧凑，工业机器人都比较小型，像 SCARA 型机器人、ABB IRB120 都比较常见。（　　　）

6. ABB IRB360 属于垂直串联机器人，经常搭配视觉系统使用。（　　　）

7. 同一种工业机器人的应用是可能被用于不同行业的，比如装配，不仅被用于 3C 行业，也可以用于家具行业。（　　　）

8. 自动化发展程度从全世界范围来看，机器人密度最大的国家是？（　　　）
　　A. 德国　　　　　　B. 中国　　　　　　C. 日本　　　　　　D. 韩国

9. 喷涂的漆料一般都含有具有较强危害性的化学成分，不包含下面哪种？（　　　）
　　A. 苯　　　　　　　B. 二甲苯　　　　　　C. 一氧化碳　　　　D. 甲苯

10. 预计 21 世纪初，工作在各领域的工业机器人将突破多少万台？（　　　）
　　A. 100　　　　　　B. 200　　　　　　　C. 150　　　　　　　D. 500

第 2 章
装配应用案例

● **知识要点**

1. SCARA 机器人三个重要数据创建
2. FitCircle 指令
3. 写屏指令、时钟指令
4. 用户自定义功能程序
5. 系统输入 / 输出信号

包装托盘 _ 示教 .rslib

● **技能目标**

1. 掌握 SCARA 机器人三个重要数据的创建
2. 掌握 FitCircle 指令
3. 掌握写屏指令、时钟指令的应用
4. 掌握功能程序的应用
5. 掌握系统输入 / 输出信号的关联

2.1 应用场景介绍

本章将以 U 盘装配案例为大家介绍工业机器人在 3C 产品装配中的应用。此案例中采用的机器人设备为 ABB SCARA 机器人，SCARA 机器人又称作水平串联机器人，常被应用于自动化程度高及劳动力密集的 3C 产品制造业，比如元器件贴片、组装机器、元器件生产等。

2.2 储备知识

本节为大家讲解 U 盘装配工作站所用到的工业机器人知识点，包含 SCARA 机器人三个重要数据的创建、FitCircle 指令、写屏指令、时钟指令、用户自定义功能程序编写、系统输入 / 输出信号的关联。

2.2.1 SCARA 机器人三个重要数据的创建

SCARA 机器人三个重要数据（工具数据 Tooldata、工件数据 Wobjdata、载荷数据 Loaddata）需要在程序编写之前创建好，下面对它们进行详细讲解。

1. 工具数据 Tooldata

Tooldata 是英文 Tool 与 Data 的合写，它的中文字面意思是工具数据。它是一种用于描述工具（例如焊枪或夹具）特征的复合数据类型，此类特征包括工具中心点（TCP）的位置和方位以及工具负载的物理特征。当需要创建一个工具坐标系时，即是通过创建并定义一个 Tooldata 数据来实现的。

垂直串联机器人定义工具坐标系的方法，并不适用于四轴 SCARA 机器人，当试图使用同样的方法定义 SCARA 机器人的工具坐标系时，会出现图 2-1 所示警告，提示无法通过当前位置校准。

图　2-1

SCARA 机器人该如何现场定义工具坐标系呢？由于机械结构的限制，SCARA 机器人只具有 4 个自由度，只能做 Rz 旋转，无法做 Rx、Ry 旋转。因此，对于 SCARA 机器人的工具坐标系，一般只定义工具坐标系的原点，使用 tool0 的默认方向作为新建工具坐标系的方向。

现场示教四轴 SCARA 机器人的工具坐标系，可遵循以下步骤进行操作：

1）在现场，先将工业机器人工具拆除，将四轴端面移动到与锥尖参考点同一高度，记录 tool0 在 base 坐标系下的坐标值 P11，如图 2-2 所示。

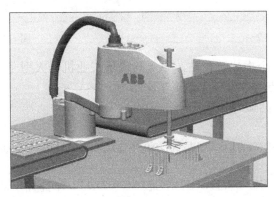

图　2-2

CONST robtarget p11:=[[610.09,-81.05,100.00],[0,1,-5.96046E-08,0],[-1,0,0,0],[9E+09,9E+09,9E+09,9E+09,9E+09,9E+09]];

2）将工具安装在工业机器人法兰盘处，记录工业机器人 3 种不同的姿态，将工具作业点移动至锥尖参考点，并且以 tool0&Base 为参考坐标系，示教为 p1、p2、p3 点，如图 2-3～图 2-5 所示。

CONST robtarget p1:=[[628.03,-3.21,176.00],[0,0.993242,-0.116064,0],[-1,0,0,0],[9E+09,9E+09,9E+09,9E+09,9E+09,9E+09]];

CONST robtarget p2:=[[530.32,-85.29,176.00],[0,0.690325,0.7235,0],[-1,-1,0,0],[9E+09,9E+09,9E+09,9E+09,9E+09,9E+09]];

CONST robtarget p3:=[[623.60,-159.78,176.00],[0,0.0817758,-0.996651,0],[-1,-3,0,0],[9E+09,9E+09,9E+09,9E+09,9E+09,9E+09]];

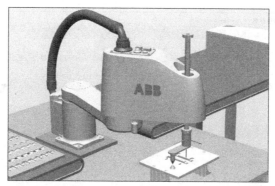

图　2-3

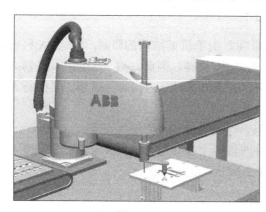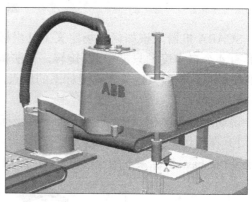

图　2-4　　　　　　　　　　　　　图　2-5

3）在 RS 上新建一个虚拟工作站，导入与现场工业机器人型号一致的机器人模型，将 p1、p2、p3、p11 四个点的数据导入虚拟工作站中。

4）在 RS 虚拟工作站编写并运行以下程序：

MODULE Module1

CONST robtarget p1:=[[628.03,-3.21,176.00],[0,0.993242,-0.116064,0],[-1,0,0,0],[9E+09,9E+09,9E+09,9E+09,9E+09,9E+09]];

CONST robtarget p2:=[[530.32,-85.29,176.00],[0,0.690325,0.7235,0],[-1,-1,0,0],[9E+09,9E+09,9E+09,9E+09,9E+09,9E+09]];

CONST robtarget p3:=[[623.60,-159.78,176.00],[0,0.0817758,-0.996651,0],[-1,-3,0,0],[9E+09,9E+09,9E+09,9E+09,9E+09,9E+09]];

CONST robtarget p11:=[[610.09,-81.05,100.00],[0,1,-5.96046E-08,0],[-1,0,0,0],[9E+09,9E+09,9E+09,9E+09,9E+09,9E+09]];

VAR pos teach_point{3}:=[[0,0,0],[0,0,0],[0,0,0]];

VAR num radius;

VAR pos center;

VAR pos normal;

```
    PROC calculate ()
        MoveJ p1,v150,fine,tool0;
        MoveJ p2,v150,fine,tool0;
        MoveJ p3,v150,fine,tool0;
        teach_point{1}:=p1.trans;
        teach_point{2}:=p2.trans;
        teach_point{3}:=p3.trans;
        FitCircle teach_point,center,radius,normal;
        center.z:=center.z+(p11.trans.z-p1.trans.z);
        TPWrite "TCP is " \Pos:=center;
    ENDPROC
ENDMODULE
```

运行结果如图 2-6 所示。不懂程序编写的读者，可查看机械工业出版社出版的《ABB 工业机器人基础操作与编程》（ISBN 978-7-111-62181-2）和本书 2.2.2 节的内容。

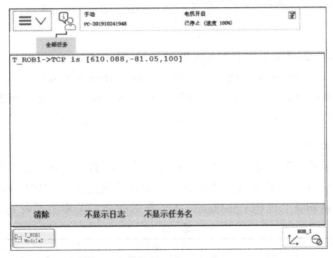

图 2-6

5）在虚拟工作站中，以 center 的坐标值为基座中心点，建立一个各轴旋转方向为 0、半径和高度值任意的圆柱体，将圆柱底面圆心点捕捉为工业机器人工具 TCP 的位置，工具坐标系的方向使用默认值。建立的工具坐标系 Tooldata_1 如图 2-7 所示。

6）将虚拟工作站中的 Tooldata_1 工具坐标系数据导入现场工业机器人，即可得到一个以工业机器人工具作业点为 TCP、与 tool0 方向相同的工具坐标系。

7）将 Tooldata_1 工具坐标系数据同步至仿真示教器（如何将数据同步，请查看 2.3.5 节数据同步）。

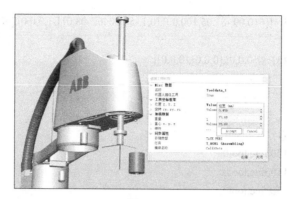

图 2-7

2. 工件数据 Wobjdata

Wobjdata 是英文 Work object data 的缩写，它的中文名是工件数据。它是一种用于描述拥有特定附加属性的坐标系的复合数据类型。当需要创建一个工件坐标系时，即是通过创建并定义一个 Wobjdata 来实现。SCARA 机器人工件坐标系的创建步骤与垂直串联机器人一致，这里不再赘述。创建图 2-8 所示工件坐标系 Wobj1，则其具体 Trans（X，Y，Z）数据为 [478.09，123，85]。

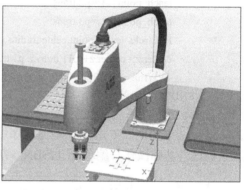

图 2-8

小贴士

自定义工件坐标系有如下 3 点优势：

1）创建工件坐标系能方便地沿工件的直线边沿做手动 JOG 控制操纵。

2）当需要改变工件位置时，可以快速地迁移与该工件相关的机器人运动轨迹。

3）可以对与工件相关的机器人运动轨迹做坐标系偏移补偿。

3. 载荷数据 Loaddata

Loaddata 中文名称是载荷数据。它是一种用于描述拥有特定附加属性的有效载荷的复合数据类型。当需要创建一个有效载荷数据时，需要正确设定工具的质量和重心数据 Tooldata 以及搬运对象的质量和重心数据 Loaddata。关于有效载荷相关参数说明见表 2-1。

表 2-1

参　数	名　称	单　位
mass	有效载荷质量	kg
cog.x cog.y cog.z	有效载荷重心	mm
aom.q1 aom.q2 aom.q3 aom.q4	力矩轴方向	—
ix iy iz	有效载荷的转动惯量	kg·m²

下面以创建一个名为 load1、质量为 0.3kg、重心为（0，0，5）的 Loaddata 数据为例，对创建步骤进行说明。具体步骤为：1 单击 ABB 菜单—2 单击【手动操纵】—3 单击【有效载荷】—4 单击【新建】—5 输入名称"load1"—6 单击【确定】—7 选中新建的有效载荷"load1"—8 单击【编辑】—9 单击【更改值 …】—10 单击【mass】的值，改为 0.3—11 单击【cog】（重心）下的"z"值，设为 5—12 单击【确定】即完成创建，如图 2-9 ～图 2-14 所示。

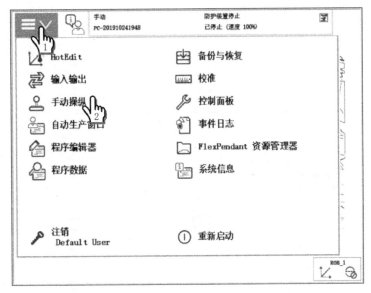

图　2-9

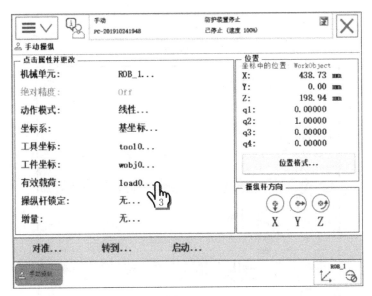

图　2-10

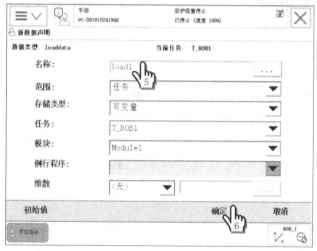

图 2-11

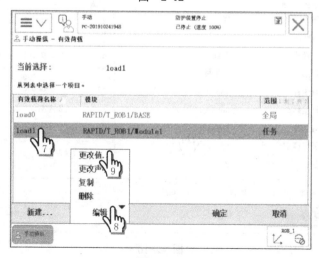

图 2-12

图 2-13

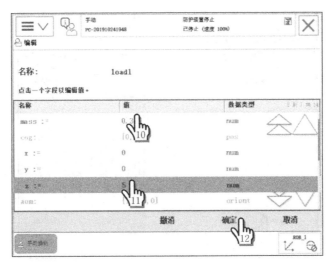

图 2-14

2.2.2 FitCircle 指令

FitCircle 指令使圆与一组 3D 点拟合，仅用 3 个点就能确定通过所有点的圆，最终计算得到圆的中心点、半径以及垂直于已确认的圆的平面的单位长度向量；3D 点数必须在 3 ～ 100 之间。

指令格式：FitCircle Points [\NumPoints] Center Radius Normal [\RMS] [\MaxErr] [\IndexWorst];。详细说明见表 2-2。

表 2-2

指令变量名称	说 明	数据类型
Points	拟合所用的 3D 点的阵列	array of pos
[\NumPoints]	使用该可选变元，可说明应使用的点数	num
Center	最终得到的圆的中心点	pos
Radius	最终得到的圆的半径	num
Normal	垂直于已确认的圆的平面的单位长度向量	pos
[\RMS]	含有圆拟合的均方根误差的可选变元	num
[\MaxErr]	含有最终得到的圆与输入点之间的最大距离的可选变元	num
[\IndexWorst]	含有距圆最远的点的索引的可选变元	num

指令编写步骤：首先创建一个存储类型为变量、名称为 radius 的 num 型数据，然后再创建 3 个存储类型为变量、名称分别是 center、normal、teach_point 的 pos 型数据，其中 teach_point 为 1 维 3 个元素的数组。

具体编写步骤为：1 单击【添加指令】—2 单击【Common】—3 选择【Mathematics】—4 单击【FitCircle】—5 单击第二个【<EXP>】—6 选择【center】—7 单击第三个【<EXP>】—8 选择【radius】—9 单击第四个【<EXP>】—10 选择【normal】—11 单击【确定】—12 双击第一个【<EXP>】—13 选择【teach_point】—14 单击【确定】，如图 2-15 ～图 2-22 所示。

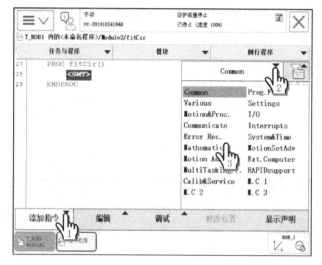

图 2-15

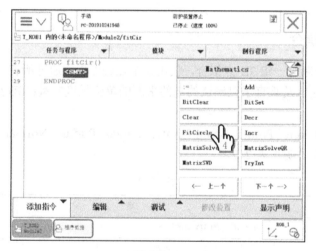

图 2-16

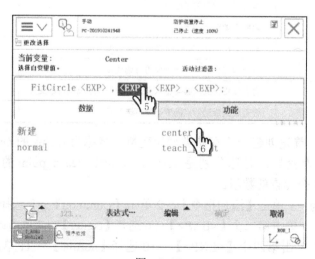

图 2-17

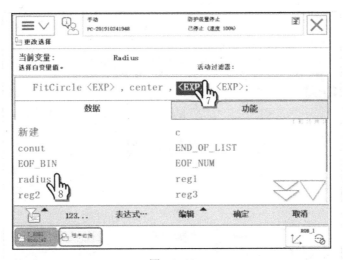

图 2-18

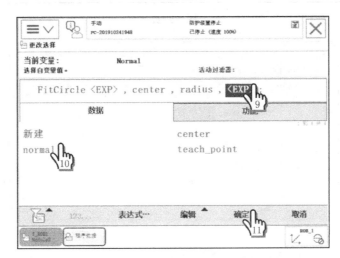

图 2-19

图 2-20

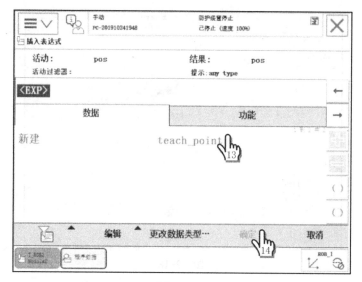

图 2-21

图 2-22

应用案例程序如下：

MODULE Module1

CONST robtarget p1:=[[628.03,-3.21,176.00],[0,0.993242,-0.116064,0],[-1,0,0,0],[9E+09,9E+09,9E+09,9E+09,9E+09,9E+09]];

CONST robtarget p2:=[[530.32,-85.29,176.00],[0,0.690325,0.7235,0],[-1,-1,0,0],[9E+09,9E+09,9E+09,9E+09,9E+09,9E+09]];

CONST robtarget p3:=[[623.60,-159.78,176.00],[0,0.0817758,-0.996651,0],[-1,-3,0,0],[9E+09,9E+09,9E+09,9E+09,9E+09,9E+09]];

CONST robtarget p11:=[[610.09,-81.05,100.00],[0,1,-5.96046E-08,0],[-1,0,0,0],[9E+09,9E+09,9E+09,9E+09,9E+09,9E+09]];

VAR pos teach_point{3}:=[[0,0,0],[0,0,0],[0,0,0]];

```
VAR num radius;
VAR pos center;
VAR pos normal;
    PROC calculate ()
        MoveJ p1,v150,fine,tool0;
        MoveJ p2,v150,fine,tool0;
        MoveJ p3,v150,fine,tool0;
        teach_point{1}:=p1.trans;
        teach_point{2}:=p2.trans;
        teach_point{3}:=p3.trans;
        FitCircle teach_point,center,radius,normal;
        center.z:=center.z+(p11.trans.z-p1.trans.z);
        TPWrite "TCP is "\Pos:=center;
    ENDPROC
ENDMODULE
```

运行效果如图 2-23 所示。

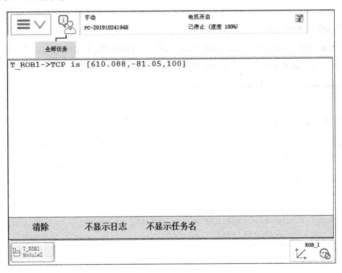

图　2-23

2.2.3　写屏类指令

写屏指令可将文本信息显示在示教器中、对 num 数据进行赋值、自定义报警信息以及展示相应界面。

1. TPEerase

TPEerase 是清屏指令，将操作者界面所显示的文本信息进行清除，可提高操作者界面信息的可读性，同时让操作者界面信息更为美观。

指令格式：TPEerase;。

2. TPWrite

TPWrite 是写屏指令，以文本格式（String 字符串）将信息显示在操作者界面供操作者阅读，操作者界面每行可显示 40B。

指令格式：TPWrite String [\Num] ｜ [\Bool] ｜ [\Pos] ｜ [\Orient] ｜ [\Dnum];。详细说明见表 2-3。

表 2-3

指令变量名称	说 明	数 据 类 型
String	字符串，最大长度为 80 个字符	string
[\Num]	紧接字符后将数值的数据显示	num
[\Bool]	紧接字符后将逻辑值的数据显示	bool
[\Pos]	紧接字符后将位置值的数据显示	pos
[\Orient]	紧接字符后将角度值的数据显示	orient
[\Dnum]	紧接字符后将高精度数值的数据显示	dnum

应用例子：

```
PROC Write ()
    VAR bool Bool_1:=FALSE;
    VAR num Time:=13.33;
    TPWrite "----------------------------------------";
    TPWrite " Display text character";
    TPWrite " Time for assembly and packaging of 16 USB flash drives := "\Num:=Time;
    TPWrite " Text + Boolean := " \Bool:=Bool_1;
    TPWrite "----------------------------------------";
ENDPROC
```

运行效果如图 2-24 所示。

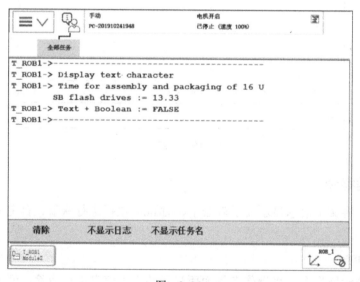

图 2-24

小贴士

参数 [\Num]、[\Bool]、[\Pos]、[\Orient] 和 [\Dnum] 之间不能同时使用。

知识拓展

　　ErrWrite 是自定义出错指令，使用该指令可以进行自定义出错内容，包括错误标题及原因等相关信息。执行此指令，出错信息在界面中显示并记录在事件日志中；当使用相关参变量时，出错信息只记录在事件日志中；该指令不足以让工业机器人停止运行。

　　指令格式：ErrWrite[\W] | [\I] Header Reason [\RL2] [\RL3] [\RL4];。详细说明见表 2-4。

表　2-4

指令变量名称	说　明		数据类型
[\W]	出错信息以警告的形式记录，不直接显示在界面	二者可以都不使用或是二选一。都不使用时，出错信息以报警的形式记录，且在界面中显示，需要按 OK 键进行确认并清除	switch
[\I]	出错信息以消息的形式记录，不直接显示在界面		switch
Header	出错信息标题		string
Reason	出错信息原因		string
[\RL2]	附加出错信息原因二		string
[\RL3]	附加出错信息原因三		string
[\RL4]	附加出错信息原因四		string

应用例子：

PROC Error1 ()

⋮

ErrWrite "Material sensor","Please check if there is any material at the end of the conveyor belt!"\
RL2:="Please check whether the material sensor is working normall!";

Stop;

ENDPROC

小贴士

　　1）示教器界面上最多显示出错消息 5 行，同时记录在事件日志中。

　　2）参数为 [\W] 或 [\I]，出错信息以警告或消息的形式记录，不直接显示在界面上。

　　3）ErrWrite 指令所产生的事件消息编号分别为 80001（级别为错误）、80002（级别为警告 [\W]）和 80003（级别为信息消息 [\I]）的程序错误。

　　4）需要出错信息显示后阻止工业机器人运行，可在该指令后使用 Stop、EXIT、TPReadFK 等相关指令。

3. TPReadFK

　　TPReadFK 是读取功能键指令，以相应字符串显示在操作者界面，同时在 5 个功能键上查找按下的是哪个按键，并返回相应值 1 ~ 5。

　　指令格式：TPReadFK TPAnswer TPText TPFK1 TPFK2 TPFK3 TPFK4 TPFK5 [\MaxTime] [\DIBreak] [\DIPassive] [\DOBreak][\DOPassive][\PersBoolBreak][\PersBoolPassive] [\BreakFlag];。详细说明见表 2-5。

表 2-5

指令变量名称	说　　　明	数 据 类 型
TPAnswer	返回值存放的变量	num
TPText	操作者界面显示屏字符串	string
TPFK1	功能按键字符串 1，stEmpty 代表空值	string
TPFK2	功能按键字符串 2，stEmpty 代表空值	string
TPFK3	功能按键字符串 3，stEmpty 代表空值	string
TPFK4	功能按键字符串 4，stEmpty 代表空值	string
TPFK5	功能按键字符串 5，stEmpty 代表空值	string
[\MaxTime]	最长等待时间，系统默认 60s	num
[\DIBreak]	如果将信号设置为 1（或已经为 1）时未按下任何功能键，则用错误处理器继续执行程序，除非使用 BreakFlag	signaldi
[\DIPassive]	当使用 DIBreak 可选参数时，该开关会覆盖默认行为	switch
[\DOBreak]	如果将信号设置为 1（或已经为 1）时未选择任何按钮，则用错误处理器继续执行程序，除非使用 BreakFlag	signaldo
[\DOPassive]	当使用 DIBreak 可选参数时，该开关会覆盖默认行为	switch
[\PersBoolBreak]	当该永久性布尔值被设定为 TRUE（或已经是 TURE）时，若未选中任何按钮，那么除非使用了 BreakFlag，否则程序将在错误处理器中继续执行	bool
[\PersBoolPassive]	在使用 PersBoolBreak 任选变元的情况下，此开关会对默认行为进行超驰控制	switch
[\BreakFlag]	如果使用了 MaxTime、DIBreak、DOBreak 或 PersBoolBreak，则是一个保留错误代码的变量	errnum

应用例子：

```
PROC TPrfk ()
L1:
TPReadFK reg2, "Please select process?", stEmpty, stEmpty, "Home", "Process1"," Process2";
WHILE TRUE DO
        TEST reg2
        CASE 1:
        Proc_1;
        CASE 2:
        Proc_2;
        DEFAULT:
        goHome;
        GOTO L1;
        ENDTEST
```

ENDWHILE
ENDPROC
运行效果如图 2-25 所示。

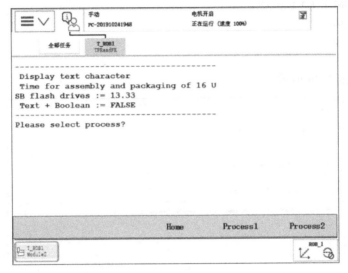

图 2-25

4．TPReadNum

TPReadNum 是读取数字键盘输入的编号，将该编号存储在 num 数据类型中。

指令格式：TPReadNum TPAnswer TPText [\MaxTime][\DIBreak] [\DIPassive] [\DOBreak] [\DOPassive] [\PersBoolBreak] [\PersBoolPassive] [\BreakFlag];。详细说明见表 2-6。

表 2-6

指令变量名称	说　　明	数据类型
TPAnswer	存储通过示教器输入编号的变量	num
TPText	操作者界面显屏字符串	string
[\MaxTime]	最长等待时间，系统默认 60s	num
[\DIBreak]	如果将信号设置为 1（或已经为 1）时未按下任何功能键，则用错误处理器继续执行程序，除非使用 BreakFlag	signaldi
[\DIPassive]	当使用 DIBreak 可选参数时，该开关会覆盖默认行为	switch
[\DOBreak]	如果将信号设置为 1（或已经为 1）时未选择任何按钮，则用错误处理器继续执行程序，除非使用 BreakFlag	signaldo
[\DOPassive]	当使用 DIBreak 可选参数时，该开关会覆盖默认行为	switch
[\PersBoolBreak]	当该永久性布尔值被设定为 TRUE（或已经是 TURE）时，若未选中任何按钮，那么除非使用了 BreakFlag，否则程序将在错误处理器中继续执行	bool
[\PersBoolPassive]	在使用 PersBoolBreak 任选变元的情况下，此开关会对默认行为进行超驰控制	switch
[\BreakFlag]	如果使用了 MaxTime、DIBreak、DOBreak 或 PersBoolBreak，则是一个保留错误代码的变量	errnum

应用例子：

```
PROC TPrdn ()
    TPReadNum reg1, "Please enter the number of executions !";
    FOR i FROM 1 TO reg1 DO
        produce_part;
    ENDFOR
ENDPROC
```

运行效果如图 2-26 所示。

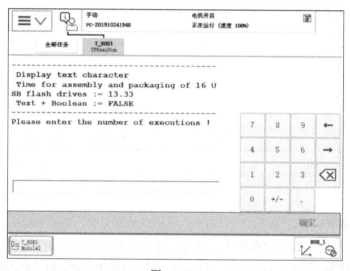

图　2-26

5. TPShow

TPShow 用于从 RAPID 选择示教器界面。

指令格式：TPShow Window;。详细说明见表 2-7。

表　2-7

指令变量名称	说　明	数 据 类 型
Window	窗口 TP_LATEST 将显示在当前最新使用的示教器界面	tpnum

应用例子：

```
PROC Error1 ()
TPShow TP_LATEST;
ENDPROC
```

2.2.4　时钟类指令

1. ClkReset

ClkReset 是时钟复位指令，即使当前时钟还在运行，秒表时钟也会被复位。在使用时钟计时前应优先使用此指令，以确保该时钟是从 0 开始计算时间。

指令格式：ClkReset Clock;。详细说明见表 2-8。

表　2-8

指令变量名称	说　明	数据类型
Clock	复位时钟的名称	clock

小贴士

如果时钟正处于运行中，执行该指令则使该时钟停止，然后将其值设置为 0。

2. ClkStart

ClkStart 是时钟开始指令，秒表时钟开始计算时间，计算的时间可用 ClkRead 读取出来，当遇到 ClkStop 指令则停止时钟的计算。

指令格式：ClkStart Clock;。详细说明见表 2-9。

表　2-9

指令变量名称	说　明	数据类型
Clock	开始时钟的名称	clock

小贴士

时钟运行 4294967s（49 天 17h2min47s），随后溢出。

3. ClkStop

ClkStop 是时钟停止指令，秒表时钟停止计算时间，该指令与 ClkStart 指令搭配使用。当时钟停止计算，则可以使用 ClkRead 将计算的时间读取出来。

指令格式：ClkStop Clock;。详细说明见表 2-10。

表　2-10

指令变量名称	说　明	数据类型
Clock	停止时钟的名称	clock

4. ClkRead

ClkRead 是时钟读取指令，读取秒表时钟所计算的时间。

指令格式：ClkRead（Clock \HighRes）;。详细说明见表 2-11。

表　2-11

指令变量名称	说　明	数据类型
Clock	时钟的名称	clock
\HighRes	以更高的分辨率来读取时间	switch

以上 4 个时钟类指令通常都是搭配使用，具体使用案例为：

```
PROC Proc_Time ()
VAR clock clock1;
VAR num Time;
        ClkReset clock1;         ! 时钟复位
        ClkStart clock1;         ! 时钟开始
        WaitUntil di2 = 1;       ! 等待 di2 为 1
        ClkStop clock1;          ! 时钟停止
```

Time:=ClkRead(clock1);   ! 读取时钟数据赋值给 Time
⋮
ENDPROC

小贴士　在 ClkReset、ClkStart、ClkStop 和 ClkRead 中的 Clock 指令变量名称需要用同一个名称。

2.2.5　关节软限位

关节软限位是指通过工业机器人系统相应参数设定的行程位置。工业机器人的每个关节都有一套软限位参数，存放在主题 Motion 下的类型 Arm 中。关节软限位的具体参数说明见表 2-12，用户可以对其自定义。

表　2-12

参 数 名 称	说　　明
Independent Joint	是否更改为独立关节
Upper Joint Bound	定义关节上限位，单位为 rad，1rad=57. 295779513079°
Lower Joint Bound	定义关节下限位，单位为 rad，1rad=57. 295779513079°
Calibration Position	定义校准后相关轴的位置
Performance Quota	降低相关关节的加速度，值范围在 0.15 ~ 1.0 之间，1.0 为标准，值越小，加速度越小
Jam Supervision Trim Factor	定义针对卡滞监控的微调系数，值范围在 0.1 ~ 10.0 之间，值越大，工业机器人系统对外部干扰的耐受度更高。注意：微调系数过高，会加速缩短工业机器人寿命
Load Supervision Trim Factor	定义针对负载监控的微调系数，值范围在 0.1 ~ 10.0 之间，值越大，工业机器人系统对外部干扰的耐受度更高。注意：微调系数过高，会加速缩短工业机器人寿命
Speed Supervision Trim Factor	定义针对速度监控的微调系数，值范围在 0.05 ~ 10.0 之间，值越大，工业机器人系统对外部干扰的耐受度更高。注意：微调系数过高，会加速缩短工业机器人寿命
Position Supervision Trim Factor	定义用于位置监控的微调系数，值范围在 0.1 ~ 10.0 之间，值越大，工业机器人系统对外部干扰的耐受度更高。注意：微调系数过高，会加速缩短工业机器人寿命
External Const Torque	定义外部恒定扭矩
Use Arm Load	定义该臂所用臂负载的名称，该负载在类型 Arm Load 中设定
Use Check Point	定义使用哪个臂检查点，须先配置一个 Arm Check Point，然后才能引用该点。该参数仅用于关节式机器人
External Proportional Torque	定义位置依赖型扭矩的比例系数，值范围在 –100000 ~ 100000 之间，由此指定相应的比例系数（单位：N·m/rad）
External Torque Zero Angle	定义位置依赖型扭矩为 0 时的关节位置，值范围在 –100000 ~ 100000 之间，由此指定相应的位置（单位：rad）
Load Id Acceleration Ratio	降低相关关节在负载识别期间的加速度，值范围在 0.02 ~ 1.0 之间
Angle Acceleration Ratio	定义相关电动机传感器的最大角加速比，值范围在 0.02 ~ 1.0 之间，默认值为 1.0。该参数不宜更改
Deactivate Cyclic Brake Check for axis	定义是否停用轴的"循环制动检查"；选择 On，代表停用该轴的"循环制动检查"；默认值为 Off
Change to Logical Axis	更改为逻辑轴，值范围在 0 ~ 12 之间，默认值为 0。该数值为 0，不会发生什么变化，且系统将把 Joint 中的数字作为正常值
Thermal Supervision Sensitivity Ratio	热监控敏感度比，值范围在 0.5 ~ 2.0 之间，默认值为 1.0；当数值过低时，系统会停用相关监控，而相关电动机则可能过热并受损

关节软限位设定步骤如下：

1 单击 ABB 菜单—2 选择【控制面板】—3 打开【配置】—4 单击【主题】—5 选择【Motion】—6 打开【Arm】—7 选择需要设定的关节名称（如工业机器人 1 轴关节限位 rob1_1）—8 单击【编辑】—9 分别对【Upper Joint Bound】【Lower Joint Bound】进行设定—10 单击【确定】—11 选择【是】，如图 2-27 ~图 2-33 所示。

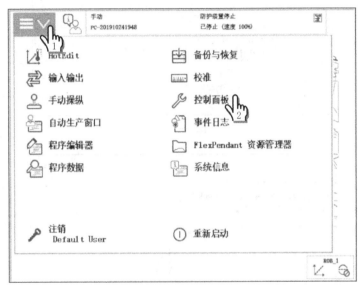

图　2-27

图　2-28

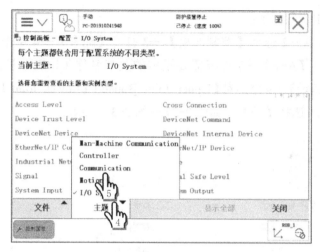

图 2-29

图 2-30

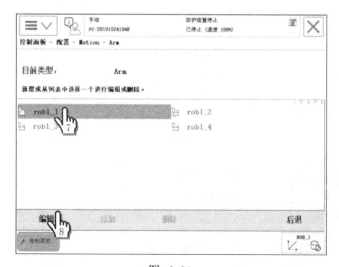

图 2-31

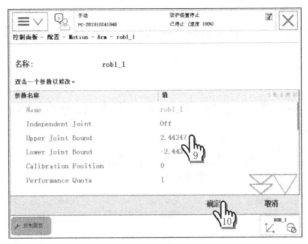

图　2-32

图　2-33

2.2.6　定义功能程序

在 RAPID 程序中，功能程序（FUNCTION）类似于指令，在其他程序中当作功能指令来调用，同时功能程序能够返回一个特定数据类型的值。num 型程序数据功能列表里的 ABS（取绝对值）、SIN（正弦）、COS（余弦），robtarget 型程序数据功能列表里的 offs（工件偏移）、RELTOOL（工具偏移）等都是系统预定义的功能函数。

1. 自定义一个偏移功能函数 OFFSS

```
FUNC robtarget OFFSS(robtarget pPlace,num nX,num nY,num nZ)
    VAR robtarget pTest;
    pTest.trans.x := pPlace.trans.x + nX;
    pTest.trans.y := pPlace.trans.y + nY;
    pTest.trans.z := pPlace.trans.z + nZ;
    RETURN pTest;
ENDFUNC
```

功能程序会返回一个特定数据类型的值，所以程序都需要通过 RETURN 指令来结束。

2. 创建步骤

1）在程序编辑器中创建一个新的例行程序，"名称"改为"OFFSS"，"类型"选择"功能"，如图 2-34 所示。

图 2-34

2）单击【参数】右边的【…】，添加表 2-13 所示的 4 个参数，创建完成后如图 2-35 所示，最后单击【确定】进行保存。

表 2-13

名 称	数 据 类 型	模 式
pPlace	robtarget	In
nX	num	In
nY	num	In
nZ	num	In

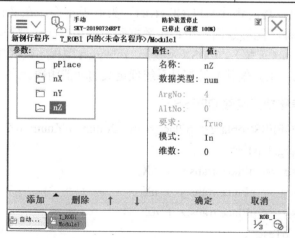

图 2-35

3）单击【数据类型】右边的【…】，更改"数据类型"为"robtarget"，如图 2-36 所示。

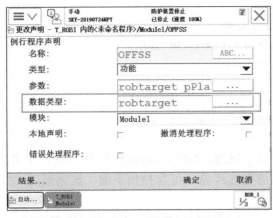

图　2-36

4）例行程序创建后，添加图 2-37 所示逻辑程序，即可完成 OFFSS 功能程序的最终创建。

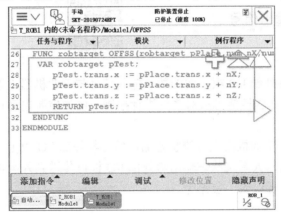

图　2-37

5）这个实例会返回一个为 robtarget 数据类型的值，在功能程序创建完成后，可在 robtarget 型程序数据功能列表里找到它，如图 2-38 所示。

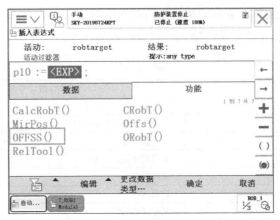

图　2-38

3. 使用实例

```
PROC zhitong()
    MoveJ p10, v1000, z50, tool0;
    MoveL OFFSS(p20,0,0,100), v1000, z20, tool0;
    MoveL p20, v1000, fine, tool0;
    Set do1;
    WaitTime 1;
    MoveL OFFSS(p20,0,0,100), v1000, z20, tool0;
ENDPROC
```

通过上面这个实例可以发现，OFFSS 功能函数和系统自定义的 offs 偏移函数作用一样。如果想了解本实例的创建步骤，可以扫描下面二维码观看"OFFSS 功能函数创建方法 .mp4"。

功能程序的使用很广，返回的数据类型也不仅仅是案例中的 robtarget 数据类型，值得每位读者仔细研究。

2.2.7 系统输入 / 输出信号

1. 定义

（1）系统输入　将外部 I/O 板上面的数字输入信号与工业机器人系统输入控制信号进行关联，就可以通过外部 I/O 板信号来对系统进行控制，例如控制电动机上电、程序启动、程序停止、错误复位等。

（2）系统输出　将工业机器人系统状态输出信号与外部 I/O 板上面的数字输出信号进行关联，就可以将工业机器人系统状态输出给外部 I/O 板再传送到外围设备做控制使用，例如系统运行模式、程序执行错误、急停等。

小贴士 | I/O 板的数字输入信号只能和系统输入信号关联，即数字输入信号对应系统输入信号关联；I/O 板的数字输出信号只能和系统输出信号关联，即数字输出信号对应系统输出信号关联；模拟信号不可以和系统输入、系统输出信号关联。

2. ABB 工业机器人系统常用的系统输入和系统输出

（1）ABB 工业机器人常用系统输入　其说明见表 2-14。

表　2-14

系 统 输 入	说　　明
Motor On	电动机上电
Motor On and Start	电动机上电并启动运行
Motor Off	电动机下电
Load and Start	加载程序并启动运行
Interrupt	中断触发
Start	启动运行
Start at Main	从程序启动运行
Stop	停止

（续）

系 统 输 入	说　明
Quick Stop	快速停止
Soft Stop	软停止
Stop at End of cycle	在循环结束后停止
Stop at End of Instruction	在指令运行结束后停止
Reset Execution Error Signal	报警复位
Reset Emergency Signal	急停复位
System Restart	重启系统
Load	加载程序模块
Backup	系统备份

（2）ABB 机器人常用系统输出　其说明见表 2-15。

表　2-15

系 统 输 出	说　明
Auto On	自动运行状态
Backup Error	备份错误报警
Backup in Progress	系统备份进行中状态，当备份结束后或者错误时信号复位
Cycle On	程序运行状态
Emergency Stop	紧急停止
Execution Error	运行错误报警
Mechanical Unit Active	激活机械单元
Mechanical Unit Not Moving	机械单元没有运行
Motor Off	电动机下电
Motor On	电动机上电
Motor Off State	电动机下电状态
Motor On State	电动机上电状态
Motor Supervision On	动作监控打开状态
Motor Supervision Triggered	当碰撞检测被触发时信号置位
Path Return Region Error	返回路径失败状态，机器人当前位置离程序位置太远导致
Power Fail Error	动力供应失效状态，机器人断电后无法从当前位置运行
Production Execution Error	程序执行错误报警
Run Chain OK	运行链处于正常状态
Simulated I/O	虚拟 I/O 状态，有 I/O 信号处于虚拟状态
Task Executing	任务运行状态
TCP Speed	TCP 速度，用模拟输出信号反映工业机器人当前实际速度
TCP Speed Reference	TCP 速度参考状态，用模拟输出信号反映工业机器人当前指令中的速度

3. 系统输入 / 输出关联步骤

（1）系统输入关联操作（System Input）　关联步骤为：依次单击示教器 ABB 菜单—【控制面板】—【配置】，进入【I/O System】主题，单击【System Input】—【添加】。图 2-39 所示为数字输入信号 di01 与系统输入状态"电动机上电"进行关联，当 di01 为 1 时，工业机器人将会上电。

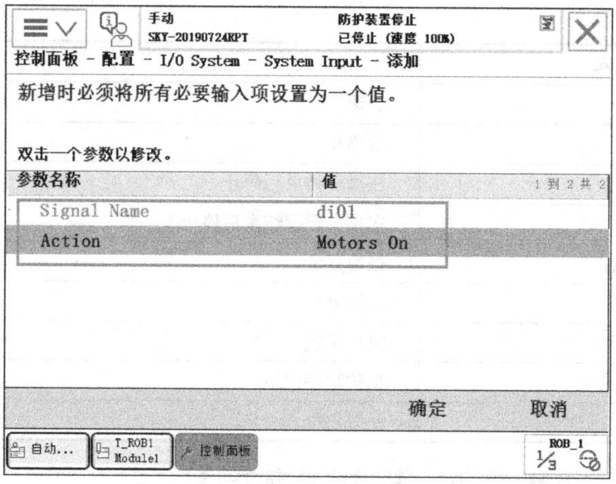

图 2-39

（2）系统输出关联操作（System Output） 关联步骤为：依次单击示教器 ABB 菜单—【控制面板】—【配置】，进入【I/O System】主题，单击【System Output】—【添加】。图 2-40 所示为数字输出信号 do1 与系统输出信号"自动运行状态"相关联，当机器人处于自动状态时，do1 的值变为 1。

图 2-40

小贴士　无论是配置系统输入还是系统输出，配置完成后都需要重启才能生效。

2.3　应用场景仿真再现

2.3.1　工作站说明

本工作站是以 ABB SCARA 机器人进行 U 盘装配的应用案例。图 2-41 所示为工作站各模块名称。从图 2-42 可以看出，料盘分为列与行，其中 xx 代表列、yy 代表行，此处定义 4 列为一个区，2 行为一组，共 2 区 4 组。零件与零件之间的距离规格如图 2-43 所示。

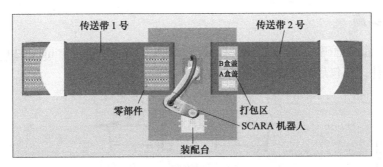

图　2-41

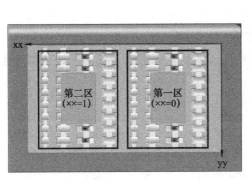

图　2-42

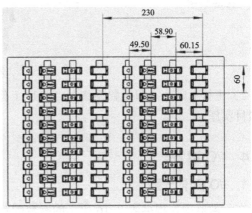

图　2-43

2.3.2　动作控制要求

动作控制要求如图 2-44 所示。

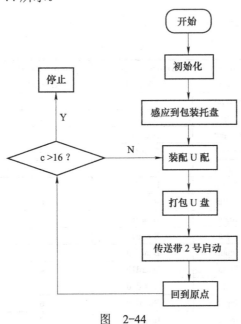

图　2-44

2.3.3 任务实施

1）扫描下面二维码，下载配套素材，解包名为"USB_Assembling_2020_OK.rspag"的工作站打包文件，解包后如图 2-45 所示。

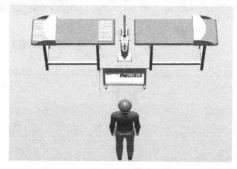

图 2-45

2）进行 I 启动（即重置系统），将原工作站的工业机器人数据全部清空，从零开始进行项目实施。

2.3.4 I/O 设置

1. I/O 板卡配置

在示教器中，根据表 2-16 所示的参数配置 I/O 单元。

表 2-16

Name（板卡名称）	Type of Unit（板卡类型）	Connected to Bus（连接总线）	DeviceNet address（总线地址）
Board10	DSQC 652	DeviceNet1	10

2. I/O 信号配置

在示教器中，根据表 2-17 所示的参数配置 I/O 信号。

表 2-17

Name（信号名称）	Type of Signal（信号类型）	Assigned to Device（所属单元）	Device Mapping（信号地址）	说　明
do01_gripper	Digital Output	Board10	0	吸盘电磁阀
do02_next	Digital Output	Board10	1	传送带 2 号启动信号
do03_Pressure	Digital Output	Board10	2	压紧电磁阀
do04_E_Stop	Digital Output	Board10	3	工业机器人急停输出信号
do05_CycleOn	Digital Output	Board10	4	工业机器人运行状态信号
do06_Error	Digital Output	Board10	5	工业机器人错误信号
di01_GetOK	Digital Input	Board10	0	真空反馈信号
di02_NextReady	Digital Input	Board10	1	检测感应器
di03_StartAt_Main	Digital Input	Board10	2	外接从主程序开始按钮
di04_MotorsOn	Digital Input	Board10	3	外接电动机上电按钮
di05_Start	Digital Input	Board10	4	外接启动按钮
di06_Stop	Digital Input	Board10	5	外接停止按钮
di07_ResetE_Stop	Digital Input	Board10	6	外接紧急停止复位按钮
di08_ResetError	Digital Input	Board10	7	外接错误报警复位按钮

3. 系统信号关联

在示教器中，配置表 2-18、表 2-19 所示系统输入 / 输出信号关联。

表 2-18 为系统输入，表 2-19 为系统输出。

表　2-18

Signal Name（信号名称）	Action（关联行为）	Argument1（参数 1）	说　　明
di03_StartAt_Main	Start at Main	Continuous	从主程序启动
di04_MotorsOn	Motors On	无	电动机上电
di05_Start	Start	Continuous	程序启动
di06_Stop	Stop	无	程序停止
di07_ResetE_Stop	Reset Emergency Stop	无	急停复位
di08_ResetError	Reset Execution Error Signal	无	报警状态恢复

表　2-19

Signal Name（信号名称）	Status（状态）	说　　明
do04_E_Stop	Emergency stop	急停状态输出
do05_CycleOn	CycleOn	自动循环状态输出
do06_Error	Execution Error	报警状态输出

2.3.5　数据同步

1. 工具数据与工件坐标数据同步

RobotStudio 软件中需要将虚拟控制器的数据传到工作站或工作站中的数据传到虚拟控制器，可以使用同步功能对两者的数据进行相互传输。同步功能分为【同步到 RAPID...】和【同步到工作站 ...】两种，如图 2-46 所示。【同步到 RAPID...】是指将工作站中的数据传到虚拟控制器；【同步到工作站 ...】是指将虚拟控制器中的数据传到工作站。

图　2-46

使用【同步到 RAPID...】功能将工具数据同步到虚拟控制器的具体步骤为：1 单击【基本】或【RAPID】菜单—2 单击【同步】下面的箭头—3 单击【同步到 RAPID...】—4 选择需要同步的数据—5 单击【确定】，如图 2-47 和图 2-48 所示。

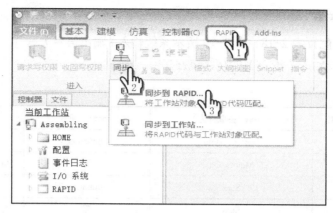

图 2-47

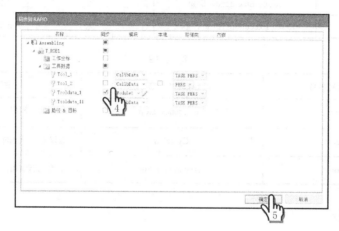

图 2-48

2. 虚拟控制器中的数据与工作站同步

使用【同步到工作站 ...】功能将虚拟控制器中的数据传到工作站的具体步骤为：1 单击【基本】或【RAPID】菜单—2 单击【同步】下面的箭头—3 单击【同步到工作站 ...】—4 选择需要同步的数据—5 单击【确定】，如图 2-49 和图 2-50 所示。

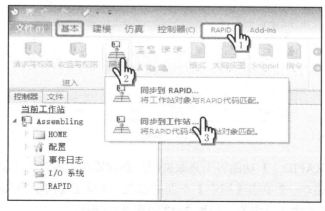

图 2-49

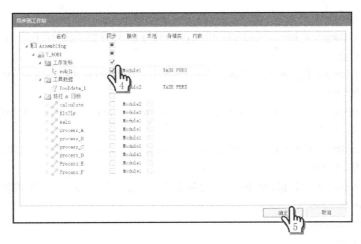

图　2-50

2.3.6　程序讲解

具体程序如下：

```
MODULE Module1
    CONST robtarget p10:=[[584.94,-0.00,206.08],[2.18557E-08,-9.97909E-31,-1,-2.181E-38],[-
1,0,0,0],[9E+09,9E+09,9E+09,9E+09,9E+09,9E+09]];
    CONST robtarget P_A_pick:=[[136.94,-296.99,151.08],[0,0.999909,-0.0135264,0],[-1,-2,0,1],[9E+09,9
E+09,9E+09,9E+09,9E+09,9E+09]];
    CONST robtarget P_B_pick:=[[74.40,-297.46,150.32],[0,0.999909,-0.0135265,0],[-1,-2,0,1],[9E+09,9E
+09,9E+09,9E+09,9E+09,9E+09]];
    CONST robtarget P_C_pick:=[[11.58,-297.20,151.37],[0,0.999992,0.00392612,0],[-1,-3,0,1],[9E+09,9
E+09,9E+09,9E+09,9E+09,9E+09]];
    CONST robtarget P_D_pick:=[[-27.38,-297.20,155.20],[0,0.999992,0.00392648,0],[-1,-3,0,1],[9E+09,9
E+09,9E+09,9E+09,9E+09,9E+09]];
    CONST robtarget P_A_place:=[[614.08,0.09,161.91],[0,0.999909,-0.0135264,0],[0,-1,0,1],[9E+09,9E+
09,9E+09,9E+09,9E+09,9E+09]];
    CONST robtarget P_B_place:=[[607.34,-0.37,162.83],[0,0.999909,-0.0135264,0],[0,-1,0,1],[9E+09,9E
+09,9E+09,9E+09,9E+09,9E+09]];
    CONST robtarget P_C_place:=[[606.75,-0.12,166.87],[0,0.999992,0.00392636,0],[0,-1,0,1],[9E+09,9E
+09,9E+09,9E+09,9E+09,9E+09]];
    CONST robtarget P_D_place:=[[592.97,-0.12,166.97],[0,0.999992,0.0039263,0],[0,-1,0,1],[9E+09,9E+
09,9E+09,9E+09,9E+09,9E+09]];
    CONST robtarget P_place_1:=[[124.88,379.39,165.72],[0,0.704307,0.709896,0],[0,0,0,0],[9E+09,9E+0
9,9E+09,9E+09,9E+09,9E+09]];
    CONST robtarget P_place_2:=[[124.88,309.45,165.72],[0,0.704307,0.709895,0],[0,0,0,0],[9E+09,9E+0
9,9E+09,9E+09,9E+09,9E+09]];
    CONST robtarget P_place_3:=[[-227.66,379.26,165.72],[0,0.704307,0.709896,0],[0,1,0,0],[9E+09,9E+
09,9E+09,9E+09,9E+09,9E+09]];
    CONST robtarget P_place_4:=[[-227.66,309.18,165.72],[0,0.704306,0.709896,0],[0,1,0,0],[9E+09,9E+
```

```
09,9E+09,9E+09,9E+09,9E+09]];
        CONST robtarget P_home:=[[438.73,-0.00,198.94],[0,1,5.55112E-17,0],[-1,0,0,0],[9E+09,9E+09,9E+09,9E+09,9E+09,9E+09]];
        CONST robtarget P_E_pick:=[[8.09,345.03,166.83],[0,0.704307,0.709896,0],[0,0,0,0],[9E+09,9E+09,9E+09,9E+09,9E+09,9E+09]];
        CONST robtarget P_E_place:=[[125.35,344.51,170.76],[0,0.704307,0.709896,0],[0,0,0,0],[9E+09,9E+09,9E+09,9E+09,9E+09,9E+09]];
        CONST robtarget P_F_pick:=[[-109.24,345.03,166.83],[0,0.704307,0.709896,0],[0,1,0,0],[9E+09,9E+09,9E+09,9E+09,9E+09,9E+09]];
        CONST robtarget P_F_place:=[[-227.02,344.51,170.76],[0,0.704306,0.709896,0],[0,1,0,0],[9E+09,9E+09,9E+09,9E+09,9E+09,9E+09]];
        PERS num conut:=7;
        var num x:=0;
        VAR num y:=0;
        VAR num c:=0;
        VAR num Time:=0;
        CONST robtarget P_C_Pressure:=[[585.15,-0.12,172.22],[0,0.999992,0.00392646,0],[0,-1,0,1],[9E+09,9E+09,9E+09,9E+09,9E+09,9E+09]];
        CONST robtarget P_D_Pressure:=[[548.61,-0.12,167.54],[0,0.999988,-0.00480032,0],[0,-1,0,1],[9E+09,9E+09,9E+09,9E+09,9E+09,9E+09]];
        TASK PERS loaddata load1:=[0.2,[0,0,23],[1,0,0,0],0,0,0];

    PROC main()
        init;    初始化程序
        WHILE TRUE DO      ! 无限循环
            FOR xx FROM 0 TO 1 DO        ! 循环 2 次代表 2 个区
                FOR yy FROM 0 TO 3 DO    ! 循环 4 次代表 4 组
                    waitdi di02_NextReady,1;   ! 感应到包装托盘
                    x:=xx;          ! 将区的循环次数赋值给 x
                    y:=yy;          ! 将组的循环次数赋值给 y
                    incr c;         ! U 盘搬运次数
                    process_A;    ! 装配 U 盘反面盖子程序
                    process_B;    ! 装配 U 盘芯片程序
                    process_C;    ! 装配 U 盘正面盖子程序
                    process_D;    ! 装配 U 形帽程序
                    Process_E;    ! 搬运装配完成的 U 盘到打包区程序
                    Process_F;    ! 包装盒封装程序
                ENDFOR
            ENDFOR
            MoveJ P_home,v3000,z5,tool0;
            ! 机器人 home 点
            ClkStop clock1;      ! 时钟停止计时
            TPErase;     ! 清除界面内容
```

```
        Time:=ClkRead(clock1);    ! 将时钟数据读取赋值给 Time
        TPWrite "--------------------------------------";  ! 写屏
        TPWrite "--------------------------------------";  ! 写屏
        TPWrite "--------------------------------------";  ! 写屏
        TPWrite "--------------------------------------";  ! 写屏
        TPWrite "--------------------------------------";  ! 写屏
        TPWrite " Time for assembly and packaging of 16 USB flash drives := "\Num:=Time;    ! 将完
成一个料盘的装配和封装所用的时间显示出来
        TPWrite "--------------------------------------";  ! 写屏
        TPWrite "--------------------------------------";  ! 写屏
        TPWrite "--------------------------------------";  ! 写屏
        TPWrite "--------------------------------------";  ! 写屏
        stop;  ! 停止运行
    ENDWHILE
ENDPROC


PROC init()
    MoveJ P_home,v3000,fine,tool0;  ! 机器人回原点
    ClkReset clock1;         ! 时钟复位
    PulseDO\high,do01_gripper;        ! 检查吸盘是否能正常工作
    conut:=0;    ! 计数器清零
    ClkStart clock1;        ! 时钟开始计时
ENDPROC


PROC process_A( )    ! 装配 U 盘反面盖子程序
    MoveJ Offs(P_A_pick,x*(-230),y*(-60),50),V1000,Z5,tool0;
    ! 抓取 U 盘反面盖子上方点
    MoveL Offs(P_A_pick,x*(-230),y*(-60),0),v200,fine,tool0;
    ! U 盘反面盖子抓取点
    conut:=1;  ! 仿真动画所需,实际工作站不需要此指令
    set do01_gripper;  ! 启动吸盘
    waittime 0.2;    ! 等待 0.2s
    MoveL Offs(P_A_pick,x*(-230),y*(-60),50),V1000,Z5,tool0;
    ! 抓取 U 盘反面盖子上方点
    MoveJ Offs(P_A_place,-10,0,50),V1000,Z5,tool0;
    ! 放置 U 盘反面盖子上方点
    MoveL Offs(P_A_place,-10,0,0),V200,fine,tool0;
    ! 放置 U 盘反面盖子接近点
    MoveL Offs(P_A_place,0,0,0),v300,fine,tool0;
    ! U 盘反面盖子放置点
    Reset do01_gripper;  ! 关闭吸盘
    WaitTime 0.2;    ! 等待 0.2s
    MoveL Offs(P_A_place,0,0,50),V500,fine,tool0;
```

```
        ！放置 U 盘反面盖子上方点
ENDPROC

PROC process_B( )  ！装配 U 盘芯片程序
        MoveJ Offs(P_B_pick,x*(-230),y*(-60),50),V1000,Z5,tool0;
        ！抓取 U 盘芯片上方点
        MoveL Offs(P_B_pick,x*(-230),y*(-60),0),v200,fine,tool0;
        ！U 盘芯片抓取点
        conut:=2;  ！仿真动画所需，实际工作站不需要此指令
        set do01_gripper; ！启动吸盘
        waittime 0.2;    ！等待 0.2s
        MoveL Offs(P_B_pick,x*(-230),y*(-60),50),V1000,Z5,tool0;
        ！抓取 U 盘芯片上方点
        MoveJ Offs(P_B_place,0,0,50),V1000,fine,tool0;
        ！放置 U 盘芯片上方点
        MoveL Offs(P_B_place,0,0,0),v200,fine,tool0;
        ！U 盘芯片放置点
        Reset do01_gripper;  ！关闭吸盘
        WaitTime 0.2;    ！等待 0.2s
        MoveL Offs(P_B_place,0,0,50),V500,fine,tool0;
        ！放置 U 盘芯片上方点
ENDPROC

PROC process_C( )  ！装配 U 盘正面盖子程序
        MoveJ Offs(P_c_pick,x*(-230),y*(-60),50),V1000,Z5,tool0;
        ！抓取 U 盘正面盖上方点
        MoveL Offs(P_c_pick,x*(-230),y*(-60),0),v200,fine,tool0;
        ！U 盘正面盖抓取点
        conut:=3;  ！仿真动画所需，实际工作站不需要此指令
        set do01_gripper; ！启动吸盘
        waittime 0.2;    ！等待 0.2s
        MoveL Offs(P_c_pick,x*(-230),y*(-60),50),V1000,Z5,tool0;
        ！抓取 U 盘正面盖上方点
        MoveJ Offs(P_c_place,0,0,50),V1000,fine,tool0;
        ！放置 U 盘正面盖上方点
        MoveL Offs(P_c_place,0,0,0),v200,fine,tool0;
        ！U 盘正面盖放置点
        Reset do01_gripper;  ！关闭吸盘
        WaitTime 0.2;    ！等待 0.2s
        MoveL Offs(P_c_place,0,0,50),V500,fine,tool0;
        ！放置 U 盘正面盖上方点
        Set do03_Pressure;  ！压紧气缸伸出
        MoveL Offs(P_C_Pressure,0,0,35),V1000,fine,tool0;
```

　　! U 盘正面盖压紧上方点

　　MoveL Offs(P_C_Pressure,0,0,0),V200,fine,tool0;

　　! U 盘正面盖压紧点

　　MoveL Offs(P_C_Pressure,0,0,35),V500,fine,tool0;

　　! U 盘正面盖压紧上方点

　　Reset do03_Pressure;　! 压紧气缸缩回

ENDPROC

PROC process_D( )　　! 装配 U 形帽程序

　　MoveJ Offs(P_D_pick,x*(-230),y*(-60),50),V1000,Z5,tool0;

　　! 抓取 U 形帽上方点

　　MoveL Offs(P_D_pick,x*(-230),y*(-60),0),v200,fine,tool0;

　　! U 形帽抓取点

　　conut:=4;　! 仿真动画所需，实际工作站不需要此指令

　　set do01_gripper;　! 启动吸盘

　　waittime 0.2;　! 等待 0.2s

　　MoveL Offs(P_D_pick,x*(-230),y*(-60),50),V1000,Z5,tool0;

　　! 抓取 U 形帽上方点

　　MoveJ Offs(P_D_place,-25,0,30),V1000,Z5,tool0;

　　! 放置 U 形帽过渡点

　　MoveL Offs(P_D_place,-25,0,0),V500,fine,tool0;

　　! 放置 U 形帽前方点

　　MoveL Offs(P_D_place,0,0,0),v200,fine,tool0;

　　! U 形帽放置点

　　Reset do01_gripper;　! 关闭吸盘

　　WaitTime 0.2;　! 等待 0.2s

　　MoveL Offs(P_D_place,0,0,30),V500,fine,tool0;

　　! 放置 U 形帽上方点

　　Set do03_Pressure;　! 压紧气缸伸出

　　MoveL Offs(P_D_Pressure,-5,0,30),V500,fine,tool0;

　　! U 形帽压紧过渡点

　　MoveL Offs(P_D_Pressure,-5,0,0),V200,fine,tool0;

　　! U 形帽压紧前方点

　　MoveL Offs(P_D_Pressure,0,0,0),V200,fine,tool0;

　　! U 形帽压紧点

　　MoveL Offs(P_D_Pressure,-5,0,0),V200,fine,tool0;

　　! U 形帽压紧前方点

　　MoveL Offs(P_D_Pressure,-5,0,30),V500,fine,tool0;

　　! U 形帽压紧上方点

　　Reset do03_Pressure;　! 压紧气缸缩回

ENDPROC

PROC Process_E( )　　! 搬运装配完成的 U 盘（以下简称为 U 盘成品）到打包区程序

TEST c ！U 盘搬运次数

CASE 1,5,9,13: ！U 盘搬运次数等于 1、5、9、13

    MoveJ Offs(P_C_place,0,0,30),V1000,Z5,tool0;

    ！U 盘正面盖放置点上方

    MoveL P_C_place,v200,fine,tool0;

    ！U 盘正面盖放置点

    conut:=5; ！仿真动画所需，实际工作站不需要此指令

    set do01_gripper; ！启动吸盘

    waittime 0.2; ！等待 0.2s

    MoveL Offs(P_C_place,-25,0,0),V50,fine,tool0;

    ！U 盘正面盖放置点 X 轴反方向偏移 25mm

    MoveL Offs(P_C_place,-25,0,30),V100,fine,tool0;

    ！U 盘正面盖放置点 X 轴反方向偏移 25mm，Z 轴提高 30mm

    MoveJ Offs(P_place_1,0,0,30),V1000,Z5,tool0;

    ！U 盘成品放置点 1 上方

    MoveL P_place_1,v200,fine,tool0;

    ！U 盘成品放置点 1

    Reset do01_gripper; ！关闭吸盘

    WaitTime 0.2; ！等待 0.2s

    MoveL Offs(P_place_1,0,0,30),V200,fine,tool0;

    ！U 盘成品放置点 1 上方

CASE 2,6,10,14: ！U 盘搬运次数等于 2、6、10、14

    MoveJ Offs(P_C_place,0,0,30),V1000,Z5,tool0;

    ！U 盘正面盖放置点上方

    MoveL P_C_place,v200,fine,tool0;

    ！U 盘正面盖放置点

    conut:=5; ！仿真动画所需，实际工作站不需要此指令

    set do01_gripper; ！启动吸盘

    waittime 0.2; ！等待 0.2s

    MoveL Offs(P_C_place,-25,0,0),V50,fine,tool0;

    ！U 盘正面盖放置点 X 轴反方向偏移 25mm

    MoveL Offs(P_C_place,-25,0,30),V100,fine,tool0;

    ！U 盘正面盖放置点 X 轴反方向偏移 25mm，Z 轴提高 30mm

    MoveJ Offs(P_place_2,0,0,30),V1000,Z5,tool0;

    ！U 盘成品放置点 2 上方

    MoveL P_place_2,v200,fine,tool0;

    ！U 盘成品放置点 2

    Reset do01_gripper; ！关闭吸盘

    WaitTime 0.2; ！等待 0.2s

    MoveL Offs(P_place_2,0,0,30),V200,fine,tool0;

    ！U 盘成品放置点 2 上方

CASE 3,7,11,15: ！U 盘搬运次数等于 3、7、11、15

    MoveJ Offs(P_C_place,0,0,30),V1000,Z5,tool0;

! U 盘正面盖放置点上方

MoveL　P_C_place,v200,fine,tool0;

! U 盘正面盖放置点

conut:=5;　! 仿真动画所需，实际工作站不需要此指令

set do01_gripper; ! 启动吸盘

waittime 0.2;　! 等待 0.2s

MoveL　Offs(P_C_place,-25,0,0),V50,fine,tool0;

! U 盘正面盖放置点 X 轴反方向偏移 25mm

MoveL　Offs(P_C_place,-25,0,30),V100,fine,tool0;

! U 盘正面盖放置点 X 轴反方向偏移 25mm，Z 轴提高 30mm

MoveJ Offs(P_place_3,0,0,30),V1000,Z5,tool0;

! U 盘成品放置点 1 上方

MoveL　P_place_3,v200,fine,tool0;

! U 盘成品放置点 3

Reset do01_gripper; ! 关闭吸盘

WaitTime 0.2;　! 等待 0.2s

MoveL　Offs(P_place_3,0,0,30),V200,fine,tool0;

! U 盘成品放置点 3 上方

CASE 4,8,12,16:　! U 盘搬运次数等于 4、8、12、16

MoveJ Offs(P_C_place,0,0,30),V1000,Z5,tool0;

! U 盘正面盖放置点上方

MoveL　P_C_place,v200,fine,tool0;

! U 盘正面盖放置点

conut:=5;　! 仿真动画所需，实际工作站不需要此指令

set do01_gripper; ! 启动吸盘

waittime 0.2;　! 等待 0.2s

MoveL　Offs(P_C_place,-25,0,0),V50,fine,tool0;

! U 盘正面盖放置点 X 轴反方向偏移 25mm

MoveL　Offs(P_C_place,-25,0,30),V100,fine,tool0;

! U 盘正面盖放置点 X 轴反方向偏移 25mm，Z 轴提高 30mm

MoveJ Offs(P_place_4,0,0,30),V1000,Z5,tool0;

! U 盘成品放置点 4 上方

MoveL　P_place_4,v200,fine,tool0;

! U 盘成品放置点 4

Reset do01_gripper; ! 关闭吸盘

WaitTime 0.2;　! 等待 0.2s

MoveL　Offs(P_place_4,0,0,30),V200,fine,tool0;

! U 盘成品放置点 4 上方

ENDTEST

ENDPROC

PROC Process_F( )　! 包装盒封装程序

IF c=4 or c=8 or c=12 or c=16 THEN

```
! U 盘搬运次数等于 4、8、12、16
    MoveJ Offs(P_E_pick,0,0,30),V1000,Z5,tool0;
    ! 抓取包装区 A 盒盖上方点
    MoveL P_E_pick,v200,fine,tool0;
    ! 包装区 A 盒盖抓取点
    conut:=6;  ! 仿真动画所需，实际工作站不需要此指令
    set do01_gripper;  ! 启动吸盘
    waittime 0.2;  ! 等待 0.2s
    MoveL Offs(P_E_pick,0,0,30),v300,fine,tool0;
    ! 抓取包装区 A 盒盖上方点
    MoveL Offs(P_E_place,0,0,30),v500,fine,tool0;
    ! 放置包装区 A 盒盖上方点
    MoveL P_E_place, v50, fine, tool0;
    ! 包装区 A 盒盖放置点
    Reset do01_gripper;  ! 关闭吸盘
    WaitTime 0.2;  ! 等待 0.2s
    MoveL Offs(P_E_place,0,0,30),V200,fine,tool0;
    ! 放置包装区 A 盒盖上方点
    MoveJ Offs(P_F_pick,0,0,30),V1000,Z5,tool0;
    ! 抓取包装区 B 盒盖上方点
    MoveL P_F_pick,v200,fine,tool0;
    ! 包装区 B 盒盖抓取点
    conut:=7;  ! 仿真动画所需，实际工作站不需要此指令
    set do01_gripper;  ! 启动吸盘
    waittime 0.2;  ! 等待 0.2s
    MoveL Offs(P_F_pick,0,0,30),v300,fine,tool0;
    ! 抓取包装区 B 盒盖上方点
    MoveL Offs(P_F_place,0,0,30),v500,fine,tool0;
    ! 放置包装区 B 盒盖上方点
    MoveL P_F_place,v50,fine,tool0;
    ! 包装区 B 盒盖放置点
    Reset do01_gripper;  ! 关闭吸盘
    WaitTime 0.2;  ! 等待 0.2s
    MoveL Offs(P_F_place,0,0,30),V300,fine,tool0;
    ! 放置包装区 B 盒盖上方点
    PulseDO do02_next;  ! 启动传送带 2 号
    MoveJ P_home,v3000,z5,tool0;
    ! 工业机器人 home 点
        ENDIF
    ENDPROC
ENDMODULE
```

2.3.7 目标点位示教与仿真调试

1. 物料盘点位示教

1）将工业机器人回到机械原点，此时可将此位置示教为 P_home 点位，如图 2-51 所示。

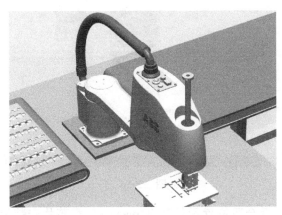

图　2-51

2）将物料托盘第一行的前两个零件位（U 盘反面盖子放置区）示教为 P_A_pick 点位，如图 2-52 所示。

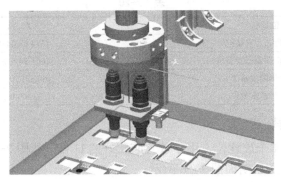

图　2-52

3）用相同的办法示教 P_B_pick（U 盘芯片放置区）、P_C_pick（U 盘正面盖子）、P_D_pick（U 形帽放置区），具体位置如图 2-53 所示。物料盘上的其他拾取点可以通过偏移实现。

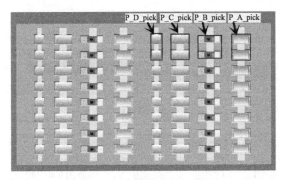

图　2-53

2. 装配区点位示教

1）将装配区中靠近操作工的装配位中心点示教为 P_A_place，用于放置 U 盘反面盖子，如图 2-54 所示。

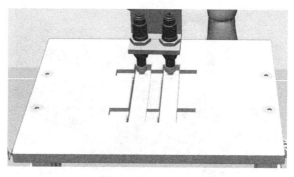

图 2-54

2）在 P_A_place 附近合适位置示教 P_B_place（U 盘芯片安装位）、P_C_place（U 盘正面盖子安装位）、P_D_place（U 形帽安装位）。需要说明的是，在仿真工作站中，这 3 个安装位只要能使 U 盘成功安装即可，并没有严格要求。表 2-20 所示位置数值仅用作参考。

表 2-20

安装区位置名	X、Y、Z 值
P_A_place（U 盘芯片安装位）	[614.08,0.09,161.91]
P_B_place（U 盘正面盖子安装位）	[607.34,0.09,161.91]
P_C_place（U 形帽安装位）	[606.75,-0.12,166.87]
P_D_place（U 形帽安装位）	[592.97,-0.12,166.97]

3. 包装区点位示教

1）在包装区示教 4 个放置位，用于放置装配好的 U 盘。如图 2-55 所示把工业机器人移动至放置位。具体放置说明如图 2-56 所示。

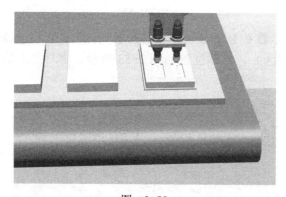

图 2-55

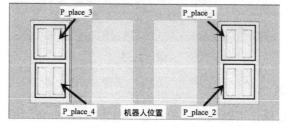

图 2-56

2）示教包装盒的拾取和放置位置，如图 2-57 所示。

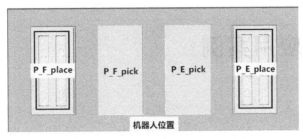

图 2-57

在进行编程调试时，要注意如下两点：

1）编写程序定点时，可以将包装托盘_示教组件以及装夹治具中右-示教、左-示教组件更改为可见，以便于示教定点。

2）本工作站无法通过重置把物料托盘还原为初始状态，需将工作站中的"物料托盘"删除，再通过把名为"物料托盘源"的组件复制粘贴在工作站并更改名称为"物料托盘"，最后把其改为可见的方式进行还原。

课后练习题

1. 机器人三个重要数据分别是_____、_____、_____。

2. 水平机器人又称作_____。

3. 当需要创建一个有效载荷数据时，需要正确设定_____和_____以及搬运对象的质量和重心数据 Loaddata。

4. 系统输入信号 Quick Stop 属于停止信号。（   ）

5. 垂直串联机器人定义工具坐标系的方法，并不适用于四轴 SCARA 机器人，当我们试图使用同样的方法定义 SCARA 机器人的工具坐标系时，会出现报错，提示无法通过当前位置校准。（   ）

6. 可以使用自定义功能程序编写系统中不存在的功能程序。（   ）

7. offs 不属于功能函数。（   ）

8. 3D 点拟合指令是（   ）。

    A. FitCircle   B. Radius   C. Mathematics   D. center

9. 以下哪一个指令是写屏指令（   ）。

    A. TPEerase   B. ErrWrite   C. TPWrite   D. TPReadFK

10. ClkStart 指令中文名称是（   ）。

    A. 时钟复位   B. 时钟停止   C. 时钟读取   D. 时钟开始

第3章

拆垛下料应用案例

⊃ 知识要点

1. 中断的使用及注意事项
2. 数组的使用及注意事项
3. 信号别名的处理方式
4. 如何使用 CallByVar
5. 带参数的例行程序的使用方法
6. 学习载荷测定服务例行程序

⊃ 技能目标

1. 掌握常规拆垛项目的使用要求
2. 熟练使用中断程序
3. 掌握 Event Routine、数组、信号别名、CallByVar 的使用
4. 学会使用带参数的例行程序
5. 学会使用载荷测定服务例行程序

3.1 应用场景介绍

随着社会的发展、工业水平的不断提高，工业机器人逐渐代替传统的人工，成为生产中的主力，尤其在码垛、拆垛领域，工业机器人的高效性、精准性体现出了极大的优势。如图 3-1 所示，ABB 工业机器人正在对纸箱进行抓取与放置，帮助人们从劳累的工作中解放出来。

图 3-1

拆垛是将产品有序高效地从物料板上取下来，本章将以木板拆垛为例给读者介绍工业机器人在产品拆垛下料应用场景中的应用。ABB 工业机器人中的 IRB 2600 因具有精准的路径精度和运动控制、全新的紧凑型设计而常被应用于工业自动化的拆垛、码垛应用中。

3.2　储备知识

本节为读者讲解完成拆垛下料工作站所需要的相关工业机器人知识。通过学习，可以有效地掌握工业机器人码垛、拆垛的要领。

3.2.1　中断

中断，是指程序在正常运行时，出现突发情况需要处理而转入处理突发状况的程序，处理完成后又返回原来的程序继续运行的功能。

ABB 工业机器人的中断是通过相关指令来初始化的，所以每当工业机器人断电重启或者程序复位回到主程序，中断都要重新初始化才能使用。下面介绍中断相关指令以及用法：

1. 相关指令解析

1）Idelete。用于取消（删除）中断预定。

示例：IDelete intno1;　! 取消中断 intno1

2）CONNECT。将中断与软中断程序相连，用于发现中断识别号，并将其与软中断程序相连。

示例：CONNECT intno1 WITH tProgram;　! 将中断 intno1 与中断程序 tProgram 关联

3）IsignalDI。下达数字输入信号触发中断，用于将一个数字输入信号与中断进行关联，通过这个数字输入信号来触发中断。

示例：IsignalDI\Single,di01,1,intno1;　! 当 di01=1 时，触发一次中断 intno1

注意： 在上面示例中有参数 Single，此参数用于确定中断是否仅出现一次或者循环出现。当有 Single 时，该中断最多触发一次；当没有 Single 时，该中断每当满足条件时便可以触发。

4）ITimer。定时中断，用于启用定时中断的指令。

示例：ITimer 1, intno1;　! 每隔 1s 就触发一次中断 intno1

小贴士　在使用中断时，一定要注意 Single 参数的设定，应根据实际情况来决定是否需要 Single 参数。在一般情况下，不需要 Single。

2. 相关指令使用示例

中断初始化：用于初始化中断，只有经过初始化的中断才可以在程序中使用。

示例：PROC rReset()

   IDelete intno1;

   CONNECT intno1 WITH tProgram;

   IsignalDI,di01,1,intno1;

  ENDPROC　　! 通过这三个步骤，可以建立中断初始化，在后续程序中，只要 di01=1，就会触发一次中断程序 tProgram()。

3. 中断指令拓展

1) IDisable 与 IEnable。用于禁用所有中断与启动通过 IDisable 禁用的中断。当在部分程序段中不允许触发中断时，可通过 IDisable 指令禁用所有中断，当运行完毕后再通过 IEnable 启用中断。这里要注意的是，IEnable 只能启动通过 IDisable 禁用的中断。

示例：IDisable;

    FOR I FROM 1 TO 10 DO

        RD_byte{i} := ReadBin(iodev1);

    ENDFOR

    IEnable;   !在示例程序中，当机器人在读取串口信息时，禁用了中断，读取完成后再启用中断

2) ISleep 与 IWatch。用于禁用一个中断与启用一个由 ISleep 停用的中断。当在部分程序中不允许触发某个特定的中断时，可用 ISleep 指令禁用该中断；当需要启动该中断时，则需使用 IWatch 启用中断。这里需要注意的是，IWatch 启动的中断，必须先由 ISleep 停用后才可以使用。

小贴士 | IDisable 和 ISleep 两个禁用中断指令的区别：IDisable 是作用于所有中断，而 ISleep 是作用于一个中断。还有一点需要注意的是，必须经过初始化且能正常使用的中断才可以停用，而且 IEnable 和 IWatch 不能直接用于启用中断，它们的作用都是用于启动已经被禁用的中断。

3.2.2 数组

数组是用于储存多个相同数据类型的集合。

ABB 工业机器人的数组是将多个相同的数据放在一个数组中，根据其索引号来调用指定的数据。数组有一维数组、二维数组和三维数组。

例如有 30 个相同类型的数据，如果不使用数组，就需要创建 30 个程序数据，既不方便查找又不方便使用，使用数组后可以将这 30 个数据都存放在一个数组中，根据编号就可以查找到相应的数据。

在进行搬运码垛类型的项目时，如果以自计算的形式进行移动的话，当需要调节某一个点位时，就会比较麻烦，要么程序复位重新运行，运行到该位置时再进行调整，要么自己计算该位置的数据再进行调整。这些方法都比较麻烦，若使用数组来存放数据，只要知道该点位的排序，就可以快速移动到该位置进行修改调整。

1. 数组示例

（1）一维数组　VAR num reg10{3} := [1,1,1];　!　reg10 中可以存储 3 个数，其初始值都为 1

（2）二维数组　VAR num reg10{3,3} := [1,1,1] [1,1,1] [1,1,1];　!　reg10 中可以存储 9 个数，其初始值都为 1

（3）三维数组　VAR num reg10{2,2,2} := [[1,1],[1,1]],[[1,1],[1,1]];　!　reg10 中可以存储 8 个数，其初始值都为 1

2. 数组使用方法

通过 FOR 镶嵌，将以 pBase 点位作为基准，通过偏移将值存放到 pPlace 中。

示例：FOR i FROM 1 TO 5 DO

　　　FOR j FROM 1 TO 4 DO

　　　FOR k FROM 1 TO 3 DO

　　　　　pPlace{i,j,k} := Offs(pBase,100 * i,110 * j,50 * k);

　　　ENDFOR

　　ENDFOR

　ENDFOR

3.2.3　信号别名

信号别名，顾名思义就是将工业机器人的 I/O 信号用更通俗易懂的名字代替，可以简化操作，增强可读性，但又不影响其使用。

1．相关指令解析

1）AliasIO。用于确定任意类型的信号以及别名，在使用实际信号前必须先运行该指令。

示例：AliasIO Do01_Vacuum1, XiPan1;！将信号 Do01_Vacuum1 与 XiPan1 关联

2）AliasIOReset。将已经关联别名的 I/O 信号复位。

示例：AliasIOReset XiPan1;　！将 XiPan1 与 Do01_Vacuum1 信号解除关联

2．使用示例

某公司有一套标准的搬运码垛程序，当遇到相似项目时，直接使用标准程序可以提高项目效率，方便归档以及售后维护。某天遇到一个客户反映程序难以看懂，不方便调整点位以及新员工的培训。因为该客户的操作工大多对英语比较抵触，英语基础很差或者根本看不懂。但是在另一方面，公司对相同类型项目的 I/O 信号做出了规定，轻易修改名称可能会对日后维护造成困难。遇到这样的情况，可以使用信号别名来处理，既可以解决客户看不懂的问题，也可以避免经常修改 I/O 信号名称导致各项目名称不一致不方便进行维护等问题。

使用示例如下：

PROC　pPoint()

　　AliasIO Do01_Vacuum , XiPan;

　　AliasIO Do02_Fixation , GuDing;

　　　　　⋮

　　AliasIO Do14_MotorON , DianJiShangDian;

　　AliasIO Do15_PptoMain , ChengXuFuWei;

　　　　　⋮

ENDPROC

虽然 ABB 工业机器人的程序中并不支持中文，但是可以使用拼音来表示相对应的意思，这样对于英语不好的操作工来说会更容易上手进行操作。

小贴士　　每当程序复位（即选择指针回到主程序）或者工业机器人断电重启，信号别名会失效。若要使用信号别名，必须先运行 AliasIO 指令后才可以使用。因此，常常将此指令放到初始化程序中运行。

3.2.4 CallByVar

CallByVar 可用于调用具有特定名称的无返回值的程序，即通过不同的变量调用不同的例行程序。

指令解析：CallByVar "program"，reg1;，当 reg1=2 时，运行该指令会调用名为 program2 的例行程序；当 reg1=3 时，运行该指令会调用名为 program3 的例行程序。

小贴士　　CallByVar 指令使用程序名 + 数字的形式进行调用，且不能调用带参数的例行程序。

3.2.5 带参数的例行程序

在 ABB 工业机器人中，在程序后带有参数，可以实现程序数据的套入，将相似的程序整合简化成一个程序，可大大简化程序。但是要注意，带参数的例行程序不能直接使用 pp 指针调用，需要在程序中通过程序指令 ProcCall 进行添加。如：

```
PROC main( )
    rPick(p10,p20);
    rPick(p30,p40);
    rPick(p50,p60);
ENDPROC

PROC rPick(robtarget point1,robtarget point2)
    MoveL Offs(point1,0,0,400),v2000,z10,Tool_XiPan;
    MoveJ Point1,v2000,fine,Tool_XiPan;
    Set Do02_Vacuum2;
    WaitTime 0.3;
    MoveJ Offs(point1,0,0,20),v2000,z10,Tool_XiPan;
    MoveJ Offs(point2,0,0,20),v2000,z10,Tool_XiPan;
    MoveJ Point2,v2000,fine,Tool_XiPan;
    Reset Do02_Vacuum2;
    WaitTime 0.3;
    MoveJ offs(Point2,0,0,200),v2000,z10,Tool_XiPan;
ENDPROC
```

上面程序中，rPick 是典型的搬运程序，带有 robtarget 数据类型的 point1 和 point2 两个参数。只要在调用该例行程序时，分别套入两个点位，就可以实现不同位置的搬运。

在 main 主程序中，分别调用了 3 次 rPick 程序，若不带有参数，则需要写三遍不同位置的搬运程序，但有了带参数的例行程序，就可以简化成一个程序，分别带入相应点位就可以实现相应功能。

添加带参数例行程序具体操作步骤：

1）在正常添加程序的界面中，可以看到第三项"参数"，单击【…】，如图 3-2 所示。

图　3-2

2）单击【添加】，单击【添加参数】，进行参数的添加，如图 3-3 所示。

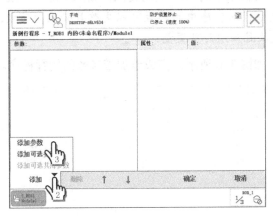

图　3-3

3）添加一个参数"point1"，在图的右边是相应的属性参数，如图 3-4 所示。

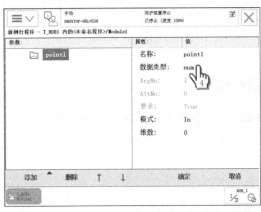

图　3-4

4）将"数据类型"改为 robtarget，模式中有四种选项，分别为输入、输入 / 输出、变量、可变量，在此选择【输入】，如图 3-5 所示。

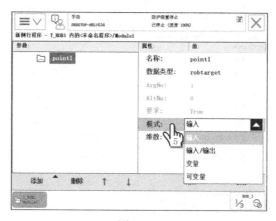

图　3-5

　　　　输入，表示代入程序中的参数不能更改；输入/输出，表示代入程序中的参数可以更改；变量，表示代入程序中的参数可以更改且必须为变量；可变量，表示代入程序中的参数可以更改且必须为可变量。

5）单击【确定】，如图 3-6 所示，完成添加带参数的例行程序。

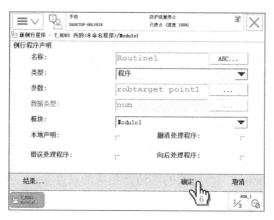

图　3-6

3.2.6　载荷测定服务例行程序

载荷测定程序 LoadIdentify 是通过工业机器人内部已经定义好的例行程序来测出工业机器人工具或者载荷的数据，如工业机器人工具或者载荷的重量与重心。一般用于测定比较复杂的工具或者载荷工具。

1. 使用前提

运行工具载荷例行服务程序之前，请确保：

1）在手动操纵模式中已经选择了需要测试的工具坐标或者载荷数据。

2）安装在机器人上的工具或者产品已经正确安装并且稳固不晃动。

3）工业机器人的各轴不应太接近其限位。

4）测试前尽量将工业机器人移动到空旷的地方，避免碰撞。

5）速度设置为 100%。

6）系统处于手动模式且没有错误报警。

7）程序指针位于主程序，若没有，需在程序界面单击【PP 移至 Main】。

2. 操作步骤

1）在手动操纵模式，选择需要测试的工具坐标，如图 3-7 所示。

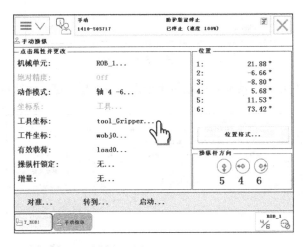

图 3-7

2）转到程序编辑器界面，单击【调试】—【调用例行程序 ...】，若【调用例行程序 ...】为灰色不可单击，则可以先单击【PP 移至 Main】，如图 3-8 所示。

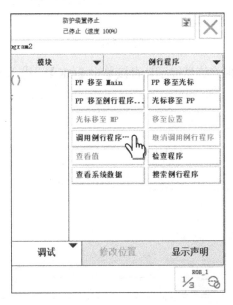

图 3-8

3）进入新的界面后，单击【LoadIdentify】，然后单击【转到】，如图 3-9 所示。

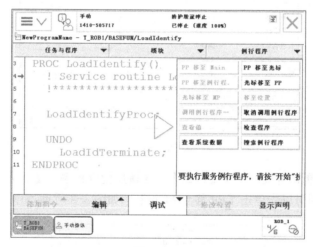

图 3-9

4) 按下示教器的使能键，待显示电动机上电后，按下播放键，运行程序，如图 3-10 所示。

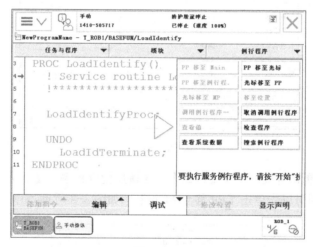

图 3-10

5) 开始运行后，会有相关信息提示，直接单击【OK】，进入下一界面，如图 3-11 所示。

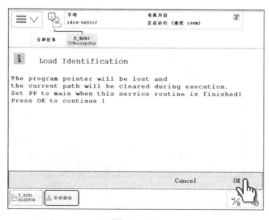

图 3-11

6) 提示选择要测试工具还是载荷，在这里单击【Tool】，如图 3-12 所示。

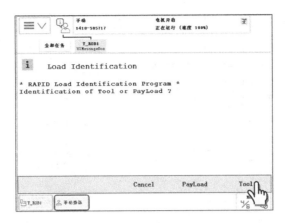

图　3-12

7）显示相关注意事项，单击【OK】，进入下一界面，如图 3-13 所示。

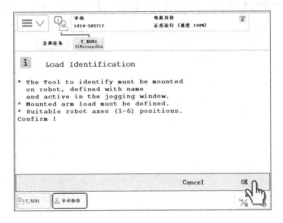

图　3-13

8）提示是否确定要测量当前选择的工具，单击【OK】，进入下一界面，如图 3-14 所示。

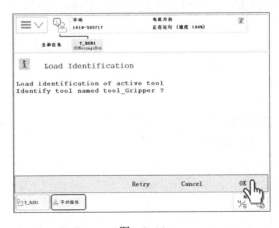

图　3-14

9）提示是否知道工具的重量，1 为知道，2 为不知道，0 为撤销，如图 3-15 所示。

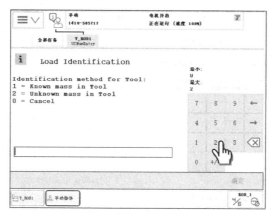

图 3-15

10）根据实际情况选择，当知道要测量工具的重量，则选 1；当不知道工具的重量，则选 2。此处以输入 2 为例进行说明，然后单击【确定】，进入下一界面，如图 3-16 所示。

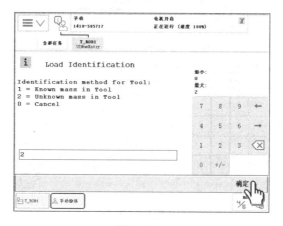

图 3-16

11）提示需要动作的范围，根据机器人的实际情况进行选择，在这里单击【-90】，如图 3-17 所示。

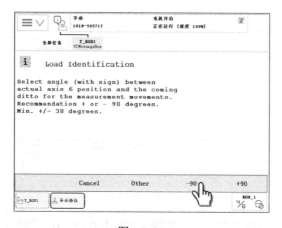

图 3-17

12）显示相关提示信息，单击【OK】，进入下一界面，如图 3-18 所示。

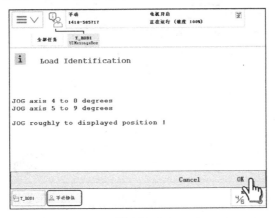

图 3-18

13）提示相关注意事项，当确定机器人位于安全位置可以移动后，单击【MOVE】，如图 3-19 所示。

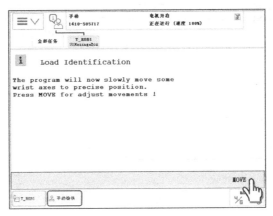

图 3-19

14）显示相关注意事项，单击【Yes】，如图 3-20 所示。

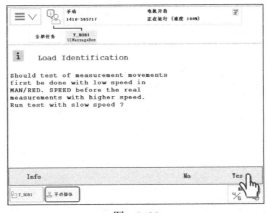

图 3-20

15）提示单击 MOVE 慢速运行机器人，再次单击【MOVE】，如图 3-21 所示。

图 3-21

16）此时，机器人正在运行，进行工具测量，如图 3-22 所示。

图 3-22

17）运行完毕后，提示将工业机器人切换到自动状态并且运行，按照提示进行操作，如图 3-23 所示。

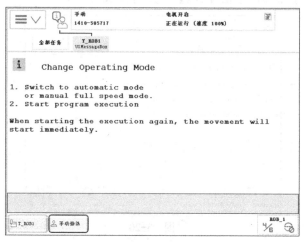

图 3-23

18）将工业机器人切换到自动状态，单击【运行】后，出现图3-24所示。

图　3-24

19）工业机器人在自动运行中，逐步显示当前的运行状态，如图3-25所示。

图　3-25

20）当工业机器人运行完毕后，弹出图3-26所示信息后，将工业机器人切换到手动状态，再单击【OK】继续运行。

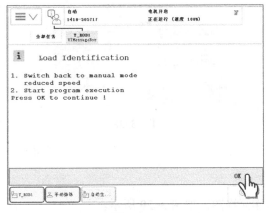

图　3-26

21）显示经过测量的当前工具的重量以及重心。其中，重量为 0.8kg，重心为（x=27.5，y=-76.4，z=171.2），如图 3-27 所示。

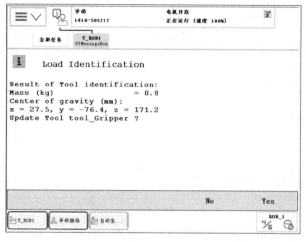

图 3-27

3.3 应用场景仿真再现

3.3.1 项目要求

人员流动快，良品率低等原因，导致工厂效益差。现在计划由工业机器人代替人工进行生产，以提高效益。

如图 3-28 所示，要求由操作员进行原材料的补充，补充完毕后按下确认按钮发送信号给工业机器人，工业机器人收到确认信号后才可以进行取料，每次换料后，工业机器人计数清零。当工业机器人将原材料用完后，发出补充原料信号，提示操作员进行更换。

搬运机器人对原材料的面板与底座进行搬运，并按要求摆放。当摆放完成后，由装订机器人进行固定安装。最后搬运机器人将成品卡板放到指定位置，由操作员将其取走。

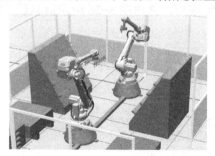

图 3-28

3.3.2 动作流程

1）搬运机器人的动作流程图，如图 3-29 所示。

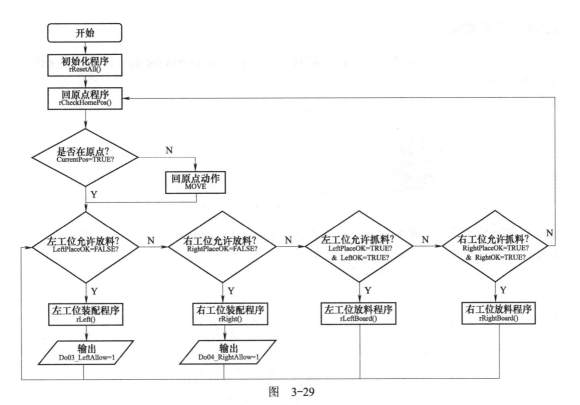

图　3-29

2）装订机器人的动作流程图，如图 3-30 所示。

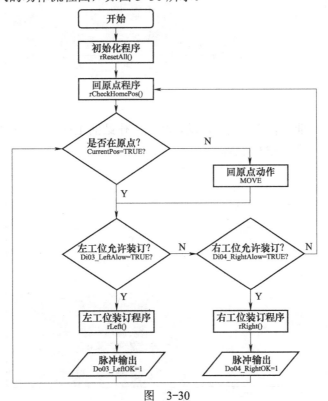

图　3-30

3.3.3　任务实施

1）扫描下面二维码并下载本章配套素材，解包名为 Maduo.rspag 的工作站打包文件，如图 3-31 所示。

图　3-31

2）解包完成后，如图 3-32 所示。工作站中 Robot_1 为装订机器人，1 号手指所指位置。Robot_2 为搬运机器人，2 号手指所指位置。

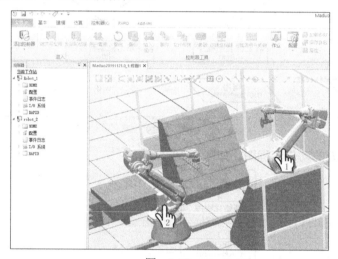

图　3-32

3）分别将两台工业机器人进行 I 启动，将原工作站的工业机器人数据全部清空，从零开始进行项目实施，如图 3-33 所示。

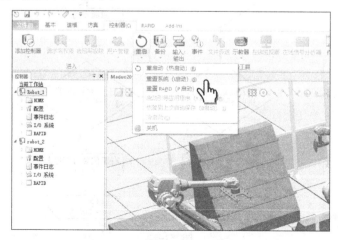

图　3-33

3.3.4 I/O 配置

两台工业机器人均使用 DSQC 652 板卡，为 16 进 16 出的数字量 I/O 板卡。

1）装订机器人（即 Robot_1）的 I/O 配置参数及说明，见表 3-1。

表 3-1

输 入 信 号	说 明	输 出 信 号	说 明
Di01_BindingOK	装订完成	Do01_BindingLeft	左工位装订
Di02_		Do02_BindingRight	右工位装订
Di03_LeftAllow	左工位允许加工	Do03_LeftOK	左工位装订完成
Di04_RightAllow	右工位允许加工	Do04_RightOK	右工位装订完成
Di05_		Do05_	
Di06_		Do06_	
Di07_LeftSafeIn	装配左区域安全	Do07_LeftSafeOut	左区域安全输出
Di08_RightSafeIn	装配右区域安全	Do08_RightSafeOut	右区域安全输出
Di09_		Do09_	
Di10_		Do10_	
Di11_		Do11_	
Di12_		Do12_	
Di13_Reset	复位机器人	Do13_Error	工业机器人出现错误
Di14_PptoMain	程序复位	Do14_Auto	工业机器人自动状态
Di15_MotorsOnStart	上电并启动工业机器人	Do15_Running	工业机器人运行中
Di16_Stop	暂停工业机器人	Do16_	

2）装配机器人（即 Robot_2）的 I/O 配置参数及说明，见表 3-2。

表 3-2

输 入 信 号	说 明	输 出 信 号	说 明
Di01_Vacuum1_OK	吸盘 1 有效	Do01_Vacuum1	开启吸盘 1
Di02_Vacuum2_OK	吸盘 2 有效	Do02_Vacuum2	开启吸盘 2
Di03_Left_OK	左工位加工完成	Do03_LeftAllow	左工位允许装订
Di04_Right_OK	右工位加工完成	Do04_RightAllow	右工位允许装订
Di05_RawFull	原材料已补满	Do05_RawEmpty	原材料已用完
Di06_FinishEmpty	卡板料已清空	Do06_FinishFull	卡板料已满
Di07_LeftSafeIn	装订左区域安全	Do07_LeftSafeOut	左区域安全输出
Di08_RightSafeIn	装订右区域安全	Do08_RightSafeOut	右区域安全输出
Di09_		Do09_	
Di10_		Do10_	
Di11_		Do11_	
Di12_		Do12_	
Di13_Reset	复位工业机器人	Do13_Error	工业机器人出现错误
Di14_PPtoMain	程序复位	Do14_Auto	工业机器人自动状态
Di15_MotorsOnStart	上电并启动工业机器人	Do15_Running	工业机器人运行中
Di16_Stop	暂停工业机器人	Do16_	

根据表 3-1 和表 3-2 进行两台机器人的 I/O 信号配置。

3.3.5 相关数据配置

1. 创建工具坐标

正确地创建工具坐标可以提高调节点位的效率，表 3-3 为搬运机器人工具数据。

表 3-3

工具名称	TCP（X，R，Z）	旋转角度（RX，RY，RZ）	重量	重心（X，Y，Z）
Tool_Vacuum	（0，0，155.80）	（0，0，0）	5	（0，0，50）

搬运机器人的工具坐标系示意图如图 3-34 所示。

图 3-34

装订机器人工具数据见表 3-4。

表 3-4

工具名称	TCP（X，R，Z）	旋转角度（RX，RY，RZ）	重量	重心（X，Y，Z）
Tool_Polish	（-3.72，98.66，267.53）	（-10，0，0）	3	（0，0，50）

装订机器人工具坐标系示意图如图 3-35 所示。

图 3-35

2. 创建工件坐标

正确地创建工件坐标可以避免点位调整的问题。在此项目中，工业机器人的抓取以及放置的地方较多，需要创建多个工件坐标。

（1）搬运机器人所需工件坐标 在上料处需要创建一个工件坐标 Wobj_materials，便于取料时进行点位的偏移。具体数据见表 3-5，具体位置如图 3-36 所示。

表 3-5

工件名称	ufram（X, R, Z）	ufram（RX, RY, RZ）
Wobj_materials	（−2196.81, 858.54, −168）	（0, 0, 0）

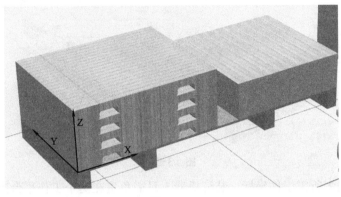

图 3-36

在两个工作台上各需创建一个工件坐标 Wobj_Left 和 Wobj_Right，便于在安装卡板时进行点位的校准。具体数据见表 3-6 和表 3-7，具体位置如图 3-37 所示，其中，左图为左工位，对应 Wobj_Left；右图为右工位，对应 Wobj_Right。

表 3-6

工件名称	ufram（X, R, Z）	ufram（RX, RY, RZ）
Wobj_Left	（802.36, 885.13, −138）	（58.39, 0, 0）

表 3-7

工件名称	ufram（X, R, Z）	ufram（RX, RY, RZ）
Wobj_Right	（802.36, −1714.87, 1162）	（−58.39, 0, 0）

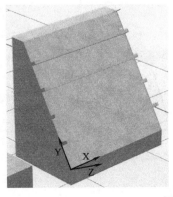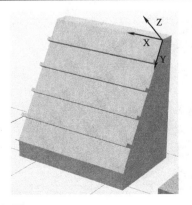

图 3-37

在放料台上也需要创建一个工件坐标 Wobj_Board，用于调整成品放料的位置摆放。具体数据见表 3-8，具体位置如图 3-38 所示。

表　3-8

工件名称	ufram（X, R, Z）	ufram（RX, RY, RZ）
Wobj_Board	（-2051.58, 1907.53, -168）	（0, 0, 0）

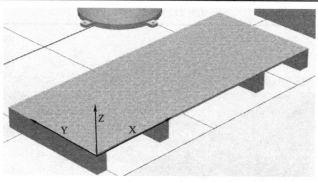

图　3-38

（2）装订机器人所需工件坐标　装订机器人只需负责在两个工作平台上进行装订工作，所以在两个工作台上各需创建一个工件坐标 Wobj_Left 和 Wobj_Right，便于在装订卡板时进行点位的校准。具体数据见表 3-9 和表 3-10，具体位置如图 3-39 所示，其中，左图为左工位，对应 Wobj_Left；右图为右工位，对应 Wobj_Right。

表　3-9

工件名称	ufram（X, R, Z）	ufram（RX, RY, RZ）
Wobj_Left	（347.84, -1713.21, 1162.00）	（-58.93, 0, 0）

表　3-10

工件名称	ufram（X, R, Z）	ufram（RX, RY, RZ）
Wobj_Right	（347.84, 886.79, -138）	（58.39, 0, 0）

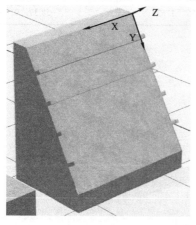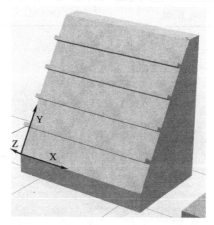

图　3-39

工件坐标的创建可以按照实际需求进行添加，并无特殊要求。但是要注意的是，工件坐标系的方向要尽量一致，这样可以省去很多思考的时间，而且在使用偏移类型指令时也需要按照个人习惯进行创建，同时注意偏移方向不要错了。

3. 配置系统输入/输出

为了方便平常的操作，将两台工业机器人的系统信号设定相同，见表 3-11。

表　3-11

信 号 类 型	系 统 类 型	系 统 信 号
Di09_PptoMain	System Input	PP to Main
Di10_MotorsOn	System Input	Motors On
Di11_Start	System Input	Start
Di12_Stop	System Input	Stop
Do09_Auto	System Output	Auto On
Do10_Running	System Output	Cycle On
Do11_Error	System Output	Execution Error

3.3.6　程序示例与讲解

1. 搬运机器人程序示例

```
MODULE Module1
    CONST robtarget pHome:=[[661.17,−0.00,932.98],[3.16101E−08,−0.707107,−0.707107,−7.01508E−10],[−1,0,0,0],[9E+09,9E+09,9E+09,9E+09,9E+09,9E+09]];
    CONST robtarget pPick_holder_1:=[[600.00,145.65,477.91],[4.68845E−08,1.19209E−07,1,−2.94814E−08],[1,0,1,0],[9E+09,9E+09,9E+09,9E+09,9E+09,9E+09]];
    CONST robtarget pPick_holder_2:=[[600.00,−45.54,478.84],[7.08134E−08,4.45843E−09,1,−4.04558E−08],[1,0,1,0],[9E+09,9E+09,9E+09,9E+09,9E+09,9E+09]];
    CONST robtarget pPick_Panel_1:=[[1566.56,500.00,297.53],[2.60305E−09,0.707107,0.707107,−1.31181E−08],[1,0,2,0],[9E+09,9E+09,9E+09,9E+09,9E+09,9E+09]];
    CONST robtarget pPick_Panel_2:=[[1428.44,500.00,297.53],[3.82813E−09,0.707107,0.707107,−1.22165E−08],[1,0,2,0],[9E+09,9E+09,9E+09,9E+09,9E+09,9E+09]];
    CONST robtarget pPlace_work1_1:=[[749.06,1179.85,115.56],[4.15929E−07,8.35353E−07,−0.999897,−0.0143725],[0,0,−1,0],[9E+09,9E+09,9E+09,9E+09,9E+09,9E+09]];
    CONST robtarget pPlace_work1_2:=[[749.06,1103.50,115.56],[9.92289E−07,1.21612E−06,−0.999897,−0.014372],[0,0,−1,0],[9E+09,9E+09,9E+09,9E+09,9E+09,9E+09]];
    CONST robtarget pPlace_work1_3:=[[749.06,545.90,97.71],[9.15795E−07,9.05349E−07,−0.999897,−0.0143717],[0,1,−1,0],[9E+09,9E+09,9E+09,9E+09,9E+09,9E+09]];
    CONST robtarget pPlace_work1_4:=[[749.06,469.99,95.00],[1.15454E−06,9.965E−07,−0.999897,−0.0143717],[0,1,−1,0],[9E+09,9E+09,9E+09,9E+09,9E+09,9E+09]];
    CONST robtarget pPlace_work2_1:=[[749.06,344.27,104.21],[0.000956552,−0.999999,0.000961161,2.76734E−06],[−1,−1,2,0],[9E+09,9E+09,9E+09,9E+09,9E+09,9E+09]];
    CONST robtarget pPlace_work2_2:=[[749.06,420.58,105.25],[0.000956972,−1,1.18032E−05,2.48467E−06],[−1,−1,2,0],[9E+09,9E+09,9E+09,9E+09,9E+09,9E+09]];
```

CONST robtarget pPlace_work2_3:=[[749.06,979.21,105.69],[0.000957149,−1,−6.73943E−05,2.25445E−06],[−1,−1,2,0],[9E+09,9E+09,9E+09,9E+09,9E+09,9E+09]];

CONST robtarget pPlace_work2_4:=[[749.06,1055.75,107.07],[0.000957368,−1,−5.57621E−05,2.09476E−06], [−1,−2,2,0],[9E+09,9E+09,9E+09,9E+09,9E+09,9E+09]];

CONST robtarget pPlace_work1_Panel_1:=[[1178.48,824.67,116.84],[0.00993253,−0.707036,−0.707038,−0.00993286], [0,0,0,0],[9E+09,9E+09,9E+09,9E+09,9E+09,9E+09]];

CONST robtarget pPlace_work1_Panel_2:=[[1142.01,824.67,116.84],[0.00993252,−0.707036,−0.707038,−0.00993283], [0,0,0,0],[9E+09,9E+09,9E+09,9E+09,9E+09,9E+09]];

CONST robtarget pPlace_work2_Panel_1:=[[1178.48,701.76,116.84],[0.000844486,−0.707106,−0.707107,−0.000843713],[−1,−1,1,0],[9E+09,9E+09,9E+09,9E+09,9E+09,9E+09]];

CONST robtarget pPlace_work2_Panel_2:=[[1142.01,701.76,116.84],[0.000844498,−0.707106,−0.707107,−0.000843649],[−1,−1,1,0],[9E+09,9E+09,9E+09,9E+09,9E+09,9E+09]];

CONST robtarget pPlace_work1_Panel_3:=[[628.48,824.67,116.84],[0.00993253,−0.707036,−0.707038,−0.00993286],[0,0,0,0],[9E+09,9E+09,9E+09,9E+09,9E+09,9E+09]];

CONST robtarget pPlace_work1_Panel_4:=[[592.01,824.67,116.84],[0.00993252,−0.707036,−0.707038,−0.00993283],[0,0,0,0],[9E+09,9E+09,9E+09,9E+09,9E+09,9E+09]];

CONST robtarget pPlace_work2_Panel_3:=[[628.48,701.76,116.84],[0.000844482,−0.707106,−0.707107,−0.000843775],[−1,−1,1,0],[9E+09,9E+09,9E+09,9E+09,9E+09,9E+09]];

CONST robtarget pPlace_work2_Panel_4:=[[592.01,701.76,116.84],[0.000844431,−0.707106,−0.707107,−0.000843689],[−1,−1,1,0],[9E+09,9E+09,9E+09,9E+09,9E+09,9E+09]];

CONST robtarget pPlace_work1_Panel_5:=[[305.29,824.67,116.84],[0.0099325,−0.707036,−0.707038,−0.00993282],[0,0,0,0],[9E+09,9E+09,9E+09,9E+09,9E+09,9E+09]];

CONST robtarget pPlace_work2_Panel_5:=[[63.63,701.76,116.84],[0.000844667,−0.707106,−0.707106,−0.000843613],[−1,−2,1,0],[9E+09,9E+09,9E+09,9E+09,9E+09,9E+09]];

CONST robtarget pPick_work1_Board:=[[609.44,824.67,116.84],[0.00993255,−0.707036,−0.707038,−0.0099329], [0,0,0,0],[9E+09,9E+09,9E+09,9E+09,9E+09,9E+09]];

CONST robtarget pPick_work2_Board:=[[609.44,701.76,116.84],[0.000844469,−0.707106,−0.707107,−0.000843668],[−1,−1,1,0],[9E+09,9E+09,9E+09,9E+09,9E+09,9E+09]];

CONST robtarget pPlace_Board_1:=[[1941.85,497.51,130.53],[2.40162E−08,0.707107,−0.707107,7.07584E−09], [−2,−1,−3,0],[9E+09,9E+09,9E+09,9E+09,9E+09,9E+09]];

CONST robtarget pPlace_Board_2:=[[741.02,497.51,130.53],[2.66338E−08,0.707107,−0.707107,−1.17313E−09], [−2,−1,−3,0],[9E+09,9E+09,9E+09,9E+09,9E+09,9E+09]];

CONST robtarget pMove_Holder_1:=[[1356.45,856.18,870.38],[1.27707E−07,−9.02504E−07,0.865853,0.500299], [0,0,−1,0],[9E+09,9E+09,9E+09,9E+09,9E+09,9E+09]];

CONST robtarget pMove_Holder_2:=[[2588.00,142.39,881.49],[2.78546E−07,1.75287E−06,−0.865853,−0.500298], [0,1,−1,0],[9E+09,9E+09,9E+09,9E+09,9E+09,9E+09]];

CONST robtarget pMove_1:=[[2411.98,−211.01,931.30],[7.28748E−08,−2.58327E−07,1,7.83697E−08],[0,−1,0,0], [9E+09,9E+09,9E+09,9E+09,9E+09,9E+09]];

CONST robtarget pMove_2:=[[845.95,−0.00,932.98],[9.48304E−08,−0.707107,−0.707107,−4.28484E−08], [−1,0,0,0],[9E+09,9E+09,9E+09,9E+09,9E+09,9E+09]];

CONST robtarget pMove_3:=[[−823.78,806.78,532.39],[5.50754E−07,6.36181E−07,−0.999897,−0.0143725], [1,−1,1,0],[9E+09,9E+09,9E+09,9E+09,9E+09,9E+09]];

CONST robtarget pMove_4:=[[2936.69,1926.26,1288.99],[0.00337426,0.703346,0.710832,−0.00333845],[0,−1, 1,0],[9E+09,9E+09,9E+09,9E+09,9E+09,9E+09]];

```
CONST robtarget pMove_5:=[[2066.98,1304.72,1288.99],[0.000127656,0.999629,0.0268279,−0.00474495],
[−1,−1,0,0],[9E+09,9E+09,9E+09,9E+09,9E+09,9E+09]];
    VAR num Holder_Floor:=1;
    VAR num Holder_Count:=1;
    VAR num Panel_Floor:=1;
    VAR num Panel_Count:=1;
    VAR num Board_Floor:=1;
    VAR num Board_Count:=1;
    VAR bool LeftOK:=false;
    VAR bool RightOK:=false;
    VAR bool LeftPlaceOK:=false;
    VAR bool RightPlaceOK:=false;
    VAR bool LastPlaceOK:=false;
    VAR intnum intno1:=0;
    VAR intnum intno2:=0;
    VAR pos pos1_Left:=[0,0,0];
    VAR pos pos1_Right:=[0,0,0];
    VAR shapedata shape1;
    VAR wztemporary wztemp1:=[0];
    VAR wzstationary wzstat1:=[0];
    VAR pos pos2_Left:=[0,0,0];
    VAR pos pos2_Right:=[0,0,0];
    VAR wzstationary wzstat2:=[0];
    VAR shapedata shape2;

    PROC main()    ! 主程序
        rResetAll;
        rCheckHomePos;
        WHILE TRUE DO
            IF LeftPlaceOK=FALSE THEN
                rLeft;
            ELSEIF RightPlaceOK=FALSE THEN
                rRight;
            ELSEIF LeftOK AND LeftPlaceOK THEN
                rLeftBoard;
            ELSEIF RightOK AND RightPlaceOK THEN
                rRightBoard;
            ENDIF
            rCheckHomePos;
            WaitTime 0.3;
        ENDWHILE
    ENDPROC

    PROC rResetAll()   ! 初始化程序，用于运行前复位所有信号与变量
        IDelete intno1;
```

```
            CONNECT intno1 WITH tLeft;
            ISignalDI Di03_LeftOK,1,intno1;
            IDelete intno2;
            CONNECT intno2 WITH tRight;
            ISignalDI Di04_RightOK,1,intno2;
            Reset Do01_Vacuum1;
            Reset Do02_Vacuum2;
            Reset Do03_LeftAllow;
            Reset Do04_RightAllow;
            Reset Do05_RawEmpty;
            Reset Do06_FinishFull;
            SetGO Go01_PugPositionOut,0;
            rCount;
            Holder_Floor:=1;
            Holder_Count:=1;
            Panel_Floor:=1;
            Panel_Count:=1;
            LeftOK:=FALSE;
            RightOK:=FALSE;
            LeftPlaceOK:=FALSE;
            RightPlaceOK:=FALSE;
            LastPlaceOK:=FALSE;
    ENDPROC
```

```
    PROC rCheckHomePos()    !回原点程序。先判断工业机器人当前位置，再按照当前位置选择回原点的
轨迹路径
            VAR robtarget pActualPos;
            IF NOT CurrentPos(pHome,Tool_Vacuum) THEN
                pActualPos:=CRobT(\Tool:=Tool_Vacuum\WObj:=wobj0);
                pActualPos.trans.z:=pHome.trans.z+100;
                MoveL pActualPos,v200,z10,Tool_XiPan;
                MoveJ pHome,v1000,fine,Tool_XiPan;
            ENDIF
    ENDPROC
```

```
FUNC bool CurrentPos(robtarget ComparePos,INOUT tooldata TCP)
    VAR num Counter:=0;
    VAR robtarget ActualPos;
    ActualPos:=CRobT(\Tool:=TCP\WObj:=wobj0);
        IF ActualPos.trans.x>ComparePos.trans.x–200 AND ActualPos.trans.x<ComparePos.trans.x+200
Counter:=Counter+1;
        IF ActualPos.trans.y>ComparePos.trans.y–200 AND ActualPos.trans.y<ComparePos.trans.y+200
Counter:=Counter+1;
        IF ActualPos.trans.z>ComparePos.trans.z–100 AND ActualPos.trans.z<ComparePos.trans.z+100
Counter:=Counter+1;
```

```
                IF ActualPos.rot.q1>ComparePos.rot.q1−0.1 AND ActualPos.rot.q1<ComparePos.rot.q1+0.1
Counter:=Counter+1;
                IF ActualPos.rot.q2>ComparePos.rot.q2−0.1 AND ActualPos.rot.q2<ComparePos.rot.q2+0.1
Counter:=Counter+1;
                IF ActualPos.rot.q3>ComparePos.rot.q3−0.1 AND ActualPos.rot.q3<ComparePos.rot.q3+0.1
Counter:=Counter+1;
                IF ActualPos.rot.q4>ComparePos.rot.q4−0.1 AND ActualPos.rot.q4<ComparePos.rot.q4+0.1
Counter:=Counter+1;
            RETURN Counter=7;
        ENDFUNC

        PROC rLeft()      ! 左工位装配程序
            rPick_Holder;
            rPlace pPlace_work1_1,pPlace_work1_2,Wobj_Left;
            rPick_Holder;
            rPlace pPlace_work1_3,pPlace_work1_4,Wobj_Left;
            rPick_Panel;
            rPlace pPlace_work1_Panel_1,pPlace_work1_Panel_2,Wobj_Left;
            rPick_Panel;
            rPlace pPlace_work1_Panel_3,pPlace_work1_Panel_4,Wobj_Left;
            rLeft_Panel_5;
            LeftPlaceOK:=TRUE;
            Set Do03_LeftAllow;
        ENDPROC

        PROC rRight()         ! 右工位安装程序
            rPick_Holder;
            MoveJ pMove_2,v1000,z50,tool0;
            rPlace pPlace_work2_1,pPlace_work2_2,Wobj_Right;
            rPick_Holder;
            MoveJ pMove_2,v1000,z50,tool0;
            rPlace pPlace_work2_3,pPlace_work2_4,Wobj_Right;
            rPick_Panel;
            MoveJ pMove_2,v1000,z50,tool0;
            rPlace pPlace_work2_Panel_1,pPlace_work2_Panel_2,Wobj_Right;
            rPick_Panel;
            MoveJ pMove_2,v1000,z50,tool0;
            rPlace pPlace_work2_Panel_3,pPlace_work2_Panel_4,Wobj_Right;
            rRight_Panel_5;
            RightPlaceOK:=TRUE;
            Set Do04_RightAllow;
        ENDPROC

        PROC rLeftBoard()        ! 左工位最后一块面板安装
            LeftOK:=FALSE;
```

```
        LeftPlaceOK:=FALSE;
        rPick_Board pPick_work1_Board,Wobj_Left;
        rPlace_Board;
    ENDPROC

    PROC rRightBoard()        ! 右工位最后一块面板安装
        RightOK:=FALSE;
        RightPlaceOK:=FALSE;
        rPick_Board pPick_work2_Board,Wobj_Right;
        rPlace_Board;
    ENDPROC

    PROC rLeft_Panel_5()      ! 左面板安装程序
        MoveL pMove_1,v2000,z10,Tool_XiPan\WObj:=Wobj_materials;
            MoveJ offs(pPick_Panel_Move1{Panel_Floor,3},0,0,200),v2000,z10,Tool_XiPan\WObj:=Wobj_
materials;
        MoveJ pPick_Panel_Move1{Panel_Floor,3},v2000,fine,Tool_XiPan\WObj:=Wobj_materials;
        Set Do01_Vacuum1;
        WaitTime 0.3;
            MoveJ offs(pPick_Panel_Move1{Panel_Floor,3},0,0,200),v2000,z10,Tool_XiPan\WObj:=Wobj_
materials;
        MoveL pMove_1,v2000,z10,Tool_XiPan\WObj:=Wobj_materials;
        MoveJ Offs(pPlace_work1_Panel_5,0,0,200),v2000,z10,Tool_XiPan\WObj:=Wobj_Left;
        MoveJ pPlace_work1_Panel_5,v2000,fine,Tool_XiPan\WObj:=Wobj_Left;
        Reset Do01_Vacuum1;
        WaitTime 0.3;
        MoveJ Offs(pPlace_work1_Panel_5,0,0,100),v2000,z10,Tool_XiPan\WObj:=Wobj_Left;
    ENDPROC

    PROC rRight_Panel_5()        ! 右面板安装程序
        MoveL pMove_1,v2000,z10,Tool_XiPan\WObj:=Wobj_materials;
            MoveJ offs(pPick_Panel_Move2{Panel_Floor,3},0,0,200),v2000,z10,Tool_XiPan\WObj:=Wobj_
materials;
        MoveJ pPick_Panel_Move2{Panel_Floor,3},v2000,fine,Tool_XiPan\WObj:=Wobj_materials;
        Set Do02_Vacuum2;
        WaitTime 0.3;
            MoveJ offs(pPick_Panel_Move2{Panel_Floor,3},0,0,200),v2000,z10,Tool_XiPan\WObj:=Wobj_
materials;
        MoveL pMove_1,v2000,z10,Tool_XiPan\WObj:=Wobj_materials;
        MoveL pMove_2,v2000,z10,Tool_XiPan\WObj:=wobj0;
        MoveJ Offs(pPlace_work2_Panel_5,0,0,100),v2000,z10,Tool_XiPan\WObj:=Wobj_Right;
        MoveJ pPlace_work2_Panel_5,v2000,fine,Tool_XiPan\WObj:=Wobj_Right;
        Reset Do02_Vacuum2;
        WaitTime 0.3;
        MoveJ Offs(pPlace_work2_Panel_5,0,0,200),v2000,z10,Tool_XiPan\WObj:=Wobj_Right;
```

```
    ENDPROC

    PROC rPick_Holder()        ! 底座取料程序
    MoveJ pMove_1,v2000,z10,Tool_XiPan\WObj:=Wobj_materials;
        MoveJ offs(pPick_holder_Move1{Holder_Floor,Holder_Count},0,0,200),v2000,z10,Tool_XiPan\
WObj:=Wobj_materials;
    MoveJ pPick_holder_Move1{Holder_Floor,Holder_Count},v2000,fine,Tool_XiPan\WObj:=Wobj_materials;
    Set Do01_Vacuum1;
    WaitTime 0.3;
        MoveJ offs(pPick_holder_Move1{Holder_Floor,Holder_Count},0,0,200),v2000,z10,Tool_XiPan\
WObj:=Wobj_materials;
        MoveJ offs(pPick_holder_Move2{Holder_Floor,Holder_Count},0,0,200),v2000,z10,Tool_XiPan\
WObj:=Wobj_materials;
    MoveJ pPick_holder_Move2{Holder_Floor,Holder_Count},v2000,fine,Tool_XiPan\WObj:=Wobj_materials;
    Set Do02_Vacuum2;
    WaitTime 0.3;
        MoveJ offs(pPick_holder_Move2{Holder_Floor,Holder_Count},0,0,200),v2000,z10,Tool_XiPan\
WObj:=Wobj_materials;
    Incr Holder_Count;
    IF Holder_Count>=11 THEN
        Incr Holder_Floor;
        Holder_Count:=1;
    ENDIF
    IF Holder_Floor>=5 THEN
        Holder_Floor:=1;
        Holder_Count:=1;
    ENDIF
    MoveJ pMove_1,v2000,z10,Tool_XiPan\WObj:=Wobj_materials;
    ENDPROC

    PROC rPick_Panel()        ! 面板取料程序
        MoveL pMove_1,v2000,z10,Tool_XiPan\WObj:=Wobj_materials;
            MoveJ offs(pPick_Panel_Move1{Panel_Floor,Panel_Count},0,0,200),v2000,z10,Tool_XiPan\
WObj:=Wobj_materials;
            MoveJ pPick_Panel_Move1{Panel_Floor,Panel_Count},v2000,fine,Tool_XiPan\WObj:=Wobj_
materials;
        Set Do01_Vacuum1;
        WaitTime 0.3;
            MoveJ offs(pPick_Panel_Move1{Panel_Floor,Panel_Count},0,0,200),v2000,z10,Tool_XiPan\
WObj:=Wobj_materials;
            MoveJ offs(pPick_Panel_Move2{Panel_Floor,Panel_Count},0,0,200),v2000,z10,Tool_XiPan\
WObj:=Wobj_materials;
            MoveJ pPick_Panel_Move2{Panel_Floor,Panel_Count},v2000,fine,Tool_XiPan\WObj:=Wobj_
materials;
```

```
            Set Do02_Vacuum2;
            WaitTime 0.3;
                    MoveJ offs(pPick_Panel_Move2{Panel_Floor,Panel_Count},0,0,200),v2000,z10,Tool_XiPan\
WObj:=Wobj_materials;
            Incr Panel_Count;
            IF Panel_Count>=6 THEN
                Incr Panel_Floor;
                Panel_Count:=1;
            ENDIF
            IF Panel_Count=3 THEN
                Incr Panel_Count;
            ENDIF
            IF Panel_Floor>=21 THEN
                Panel_Floor:=1;
                Panel_Count:=1;
            ENDIF
            MoveJ pmove10,v2000,z10,Tool_XiPan\WObj:=Wobj_materials;
    ENDPROC

    PROC rPoint()      ! 点位调整程序
        MoveJ pPick_holder_1,v1000,fine,Tool_XiPan\WObj:=Wobj_materials;
        MoveJ pPick_holder_2,v1000,fine,Tool_XiPan\WObj:=Wobj_materials;
        MoveJ pPick_Panel_1,v1000,fine,Tool_XiPan\WObj:=Wobj_materials;
        MoveJ pPick_Panel_2,v1000,fine,Tool_XiPan\WObj:=Wobj_materials;
        MoveJ pPlace_work1_1,v1000,fine,Tool_XiPan\WObj:=Wobj_Left;
        MoveJ pPlace_work1_2,v1000,fine,Tool_XiPan\WObj:=Wobj_Left;
        MoveJ pPlace_work1_3,v1000,fine,Tool_XiPan\WObj:=Wobj_Left;
        MoveJ pPlace_work1_4,v1000,fine,Tool_XiPan\WObj:=Wobj_Left;
        MoveJ pPlace_work2_1,v1000,fine,Tool_XiPan\WObj:=Wobj_Right;
        MoveJ pPlace_work2_2,v1000,fine,Tool_XiPan\WObj:=Wobj_Right;
        MoveJ pPlace_work2_3,v1000,fine,Tool_XiPan\WObj:=Wobj_Right;
        MoveJ pPlace_work2_4,v1000,fine,Tool_XiPan\WObj:=Wobj_Right;
        MoveJ pPlace_work1_Panel_1,v1000,fine,Tool_XiPan\WObj:=Wobj_Left;
        MoveJ pPlace_work1_Panel_2,v1000,fine,Tool_XiPan\WObj:=Wobj_Left;
        MoveJ pPlace_work1_Panel_3,v1000,fine,Tool_XiPan\WObj:=Wobj_Left;
        MoveJ pPlace_work1_Panel_4,v1000,fine,Tool_XiPan\WObj:=Wobj_Left;
        MoveJ pPlace_work1_Panel_5,v1000,fine,Tool_XiPan\WObj:=Wobj_Left;
        MoveJ pPlace_work2_Panel_1,v1000,fine,Tool_XiPan\WObj:=Wobj_Right;
        MoveJ pPlace_work2_Panel_2,v1000,fine,Tool_XiPan\WObj:=Wobj_Right;
        MoveJ pPlace_work2_Panel_3,v1000,fine,Tool_XiPan\WObj:=Wobj_Right;
        MoveJ pPlace_work2_Panel_4,v1000,fine,Tool_XiPan\WObj:=Wobj_Right;
        MoveJ pPlace_work2_Panel_5,v1000,fine,Tool_XiPan\WObj:=Wobj_Right;
        MoveJ pPick_work1_Board,v1000,fine,Tool_XiPan\WObj:=Wobj_Left;
        MoveJ pPick_work2_Board,v1000,fine,Tool_XiPan\WObj:=Wobj_Right;
```

```
        MoveJ pPlace_Board_1,v1000,fine,Tool_XiPan\WObj:=Wobj_Board;
        MoveJ pPlace_Board_2,v1000,fine,Tool_XiPan\WObj:=Wobj_Board;
ENDPROC

PROC rCount()      ！计数程序
    FOR i FROM 1 TO 4 DO
        FOR j FROM 1 TO 10 DO
        pPick_Holder_Move1{i,j}:=Offs(pPick_holder_1,0,100*(j-1),-120*(i-1));
        ENDFOR
    ENDFOR
    FOR i FROM 1 TO 4 DO
        FOR j FROM 1 TO 10 DO
        pPick_Holder_Move2{i,j}:=Offs(pPick_holder_2,0,100*(j-1),-120*(i-1));
        ENDFOR
    ENDFOR
    FOR i FROM 1 TO 20 DO
        FOR j FROM 1 TO 5 DO
        pPick_Panel_Move1{i,j}:=Offs(pPick_Panel_1,200*(j-1),0,-15*(i-1));
        ENDFOR
    ENDFOR
    FOR i FROM 1 TO 20 DO
        FOR j FROM 1 TO 5 DO
        pPick_Panel_Move2{i,j}:=Offs(pPick_Panel_2,200*(j-1),0,-15*(i-1));
        ENDFOR
    ENDFOR
    FOR i FROM 1 TO 10 DO
        FOR j FROM 1 TO 2 DO
        pPlace_Board_Move{i,j}:=Offs(pPlace_Board_2,1200*(j-1),0,135*(i-1));
        ENDFOR
    ENDFOR
ENDPROC

PROC rPlace(robtarget point1,robtarget point2,INOUT wobjdata Wobj)
！带参数例行程序，用于放料使用，导入相应点位即可
    MoveL Offs(point1,0,0,400),v2000,z10,Tool_XiPan\WObj:=Wobj;
    MoveJ Point1,v2000,fine,Tool_XiPan\WObj:=Wobj;
    Reset Do02_Vacuum2;
    WaitTime 0.3;
    MoveJ Offs(point1,0,0,20),v2000,z10,Tool_XiPan\WObj:=Wobj;
    MoveJ Offs(point2,0,0,20),v2000,z10,Tool_XiPan\WObj:=Wobj;
    MoveJ Point2,v2000,fine,Tool_XiPan\WObj:=Wobj;
    Reset Do01_Vacuum1;
    WaitTime 0.3;
    MoveJ offs(Point2,0,0,200),v2000,z10,Tool_XiPan\WObj:=Wobj;
```

```
        ENDPROC

    PROC rPick_Board(robtarget point1,INOUT wobjdata wobj)
    ！成型卡板取料程序
        MoveJ offs(Point1,0,0,200),v2000,z10,Tool_XiPan\WObj:=Wobj;
        MoveJ Point1,v2000,fine,Tool_XiPan\WObj:=Wobj;
        Set Do01_Vacuum1;
        Set Do02_Vacuum2;
        WaitTime 0.3;
        MoveJ Offs(point1,0,0,200),v2000,z10,Tool_XiPan\WObj:=Wobj;
    ENDPROC

    PROC rPlace_Board()   ！成型卡板放料程序
        MoveJ pMove_4, v1000, z10, Tool_XiPan\WObj:=Wobj_Board;
        MoveJ pMove_5, v1000, z10, Tool_XiPan\WObj:=Wobj_Board;
            MoveJ Offs(pPlace_Board_Move{Board_Floor,Board_Count},0,0,200),v2000,z10,Tool_XiPan\
WObj:=Wobj_Board;
            MoveJ pPlace_Board_Move{Board_Floor,Board_Count},v2000,fine,Tool_XiPan\WObj:=Wobj_Board;
        Reset Do01_Vacuum1;
        Reset Do02_Vacuum2;
        WaitTime 0.3;
            MoveJ offs(pPlace_Board_Move{Board_Floor,Board_Count},0,0,200),v2000,z10,Tool_XiPan\
WObj:=Wobj_Board;
        Incr Board_Count;
        IF Board_Count>=3 THEN
            Incr Board_Floor;
            Board_Count:=1;
        ENDIF
        IF Board_Floor>=11 THEN
            Board_Floor:=1;
            Board_Count:=1;
        ENDIF
    ENDPROC

    TRAP tLeft      ！左工位中断程序，用于判断左工位有无产品
        LeftOK:=TRUE;
        Reset Do03_LeftAllow;
    ENDTRAP

    TRAP tRight     ！右工位中断程序，用于判断右工位有无产品
        RightOK:=TRUE;
        Reset Do04_RightAllow;
    ENDTRAP

ENDMODULE
```

2. 装订机器人程序示例

```
MODULE Module1
    PERS tooldata Tool_Polish:=[TRUE,[[-291.667,1,133],[0.707106781,0, -0.707106781,0]],[5,[0,0,70],[1,0,0,0],
0,0,0]];
    TASK PERS wobjdata Wobj_Left:=[FALSE,TRUE,"",[[60.9817,-1546.18,1181.03], [0.872954,-0.487803,
0, 0]],[[0,0,0],[1,0,0,0]]];
    TASK PERS wobjdata Wobj_Right:=[FALSE,TRUE,"",[[347.842,886.788,-138], [0.872954015,0.4878025
08,0,0]],[[0,0,0],[1,0,0,0]]];
    CONST robtarget pHome:=[[431.97,-278.00,1424.29],[0.463689,0.51273,0.515729,-0.506087],[0,0,1,0],
[9E+ 09,9E+09,9E+09,9E+09,9E+09,9E+09]];
    CONST robtarget pLeftMove1:=[[166.29,229.63,135.25],[0.0868623,-0.704313,-0.0719818,0.700869],
[-1,-1, 1,0],[9E+09,9E+09,9E+09,9E+09,9E+09,9E+09]];
    CONST robtarget pLeftMove2:=[[221.02,229.63,135.25],[0.0868621,-0.704313,-0.0719821,0.700869],
[-1,-1, 1,0],[9E+09,9E+09,9E+09,9E+09,9E+09,9E+09]];
    CONST robtarget pRightMove1:=[[469.01,1237.00,256.67],[0.691246,-0.0777713,0.71542,-0.0656056],
[0,0,0, 0],[9E+09,9E+09,9E+09,9E+09,9E+09,9E+09]];
    CONST robtarget pRightMove2:=[[518.30,1237.00,256.67],[0.691246,-0.0777713,0.71542,-0.0656056],
[0,0,0, 0],[9E+09,9E+09,9E+09,9E+09,9E+09,9E+09]];
    CONST robtarget pLeftMove3:=[[350.13,232.12,115.67],[0.0868624,-0.704313,-0.0719817,0.700869],[-1,
-1,1,0],[9E+09,9E+09,9E+09,9E+09,9E+09,9E+09]];
    CONST robtarget pLeftMove4:=[[199.89,367.00,136.33],[0.0868631,-0.704313,-0.071981,0.700869],
[-1,-1,1, 0],[9E+09,9E+09,9E+09,9E+09,9E+09,9E+09]];
    CONST robtarget pRightMove3:=[[639.88,1237.32,241.79],[0.691246,-0.0777714,0.71542,-0.0656056],
[0,0,0, 0],[9E+09,9E+09,9E+09,9E+09,9E+09,9E+09]];
    CONST robtarget pRightMove4:=[[494.17,1103.83,263.32],[0.691246,-0.0777713,0.71542,-0.0656056],
[0,0,0, 0],[9E+09,9E+09,9E+09,9E+09,9E+09,9E+09]];
    CONST robtarget pPoint1:=[[286.66,371.19,581.69],[0.0868621,-0.704313,-0.0719819,0.700869],
[-1,-1,1,0], [9E+09,9E+09,9E+09,9E+09,9E+09,9E+09]];
    CONST robtarget pPoint2:=[[469.01,938.64,611.60],[0.691246,-0.0777712,0.71542,-0.0656056],[0,0,0,0],
[9E+09,9E+09,9E+09,9E+09,9E+09,9E+09]];
    CONST robtarget pPoint3:=[[286.66,371.19,581.69],[0.0868621,-0.704313,-0.0719819,0.700869],
[-1,-1,1,0], [9E+09,9E+09,9E+09,9E+09,9E+09,9E+09]];
    CONST robtarget pPoint4:=[[286.66,371.19,581.69],[0.0868621,-0.704313,-0.0719819,0.700869],
[-1,-1,1,0], [9E+09,9E+09,9E+09,9E+09,9E+09,9E+09]];
    CONST robtarget pPoint5:=[[286.66,371.19,581.69],[0.0868621,-0.704313,-0.0719819,0.700869],
[-1,-1,1,0], [9E+09,9E+09,9E+09,9E+09,9E+09,9E+09]];
    VAR pos pos1_Left:=[0,0,0];
    VAR pos pos1_Right:=[0,0,0];
    VAR shapedata shape1;
    VAR wztemporary wztemp1:=[0];
    VAR wzstationary wzstat1:=[0];
    VAR pos pos2_Left:=[0,0,0];
    VAR pos pos2_Right:=[0,0,0];
    VAR wzstationary wzstat2:=[0];
    VAR shapedata shape2;
```

```
    VAR intnum intno1:=0;

PROC main()
    rReset;
    rCheckHomePos;
    WHILE TRUE DO
        IF Di03_LeftAllow=1 THEN
            rLeft;
        ELSEIF Di04_RightAllow=1 THEN
            rRight;
        ELSE
        ENDIF
        MoveJ pHome,v200,fine,Tool_Polish;
        WaitTime 0.3;
    ENDWHILE
ENDPROC

PROC rCheckHomePos()
    VAR robtarget pActualPos;
    IF NOT CurrentPos(pHome,Tool_Polish) THEN
        pActualPos:=CRobT(\Tool:=Tool_Polish\WObj:=wobj0);
        pActualPos.trans.z:=pHome.trans.z+100;
        MoveL pActualPos,v200,z10,Tool_Polish;
        MoveJ pHome,v1000,fine,Tool_Polish;
    ENDIF
ENDPROC

FUNC bool CurrentPos(robtarget ComparePos,INOUT tooldata TCP)
    VAR num Counter:=0;
    VAR robtarget ActualPos;
    ActualPos:=CRobT(\Tool:=TCP\WObj:=wobj0);
        IF ActualPos.trans.x>ComparePos.trans.x–200 AND ActualPos.trans.x<ComparePos.trans.x+200
Counter:=Counter+1;
        IF ActualPos.trans.y>ComparePos.trans.y–200 AND ActualPos.trans.y<ComparePos.trans.y+200
Counter:=Counter+1;
        IF ActualPos.trans.z>ComparePos.trans.z–100 AND ActualPos.trans.z<ComparePos.trans.z+100
Counter:=Counter+1;
        IF ActualPos.rot.q1>ComparePos.rot.q1–0.1 AND ActualPos.rot.q1<ComparePos.rot.q1+0.1
Counter:=Counter+1;
        IF ActualPos.rot.q2>ComparePos.rot.q2–0.1 AND ActualPos.rot.q2<ComparePos.rot.q2+0.1
Counter:=Counter+1;
        IF ActualPos.rot.q3>ComparePos.rot.q3–0.1 AND ActualPos.rot.q3<ComparePos.rot.q3+0.1
Counter:=Counter+1;
        IF ActualPos.rot.q4>ComparePos.rot.q4–0.1 AND ActualPos.rot.q4<ComparePos.rot.q4+0.1
Counter:=Counter+1;
```

```
        RETURN Counter=7;
ENDFUNC

PROC rReset()
        Reset Do01_BindingLeft;
        Reset Do02_BindingRight;
        Reset Do03_LeftOK;
        Reset Do04_RightOK;
ENDPROC

PROC rLeft()
        !MoveJ pLeftMove1, v1000, fine, Tool_Polish\WObj:=Wobj_Left;
        !MoveJ pLeftMove2, v1000, fine, Tool_Polish\WObj:=Wobj_Left;
        !MoveJ pLeftMove3, v1000, fine, Tool_Polish\WObj:=Wobj_Left;
        !MoveJ pLeftMove4, v1000, fine, Tool_Polish\WObj:=Wobj_Left;
        MoveJ pPoint1,v1000,z50,Tool_Polish\WObj:=Wobj_Left;
        FOR i FROM 0 TO 3 DO
                FOR j FROM 0 TO 4 DO
                        MoveL Offs(pLeftMove1,275*j,317*i,50),v1000,z10,Tool_Polish\WObj:=Wobj_Left;
                        MoveL Offs(pLeftMove1,275*j,317*i,0),v500,fine,Tool_Polish\WObj:=Wobj_Left;
                        WaitTime 0.5;
                        MoveL Offs(pLeftMove1,275*j,317*i,50),v1000,z10,Tool_Polish\WObj:=Wobj_Left;
                        MoveL Offs(pLeftMove2,275*j,317*i,50),v1000,z10,Tool_Polish\WObj:=Wobj_Left;
                        MoveL Offs(pLeftMove2,275*j,317*i,0),v500,fine,Tool_Polish\WObj:=Wobj_Left;
                        WaitTime 0.5;
                        MoveL Offs(pLeftMove2,275*j,317*i,50),v1000,z10,Tool_Polish\WObj:=Wobj_Left;
                ENDFOR
        ENDFOR
        FOR i FROM 0 TO 3 DO
                MoveL Offs(pLeftMove3,0,317*i,30),v1000,z10,Tool_Polish\WObj:=Wobj_Left;
                MoveL Offs(pLeftMove3,0,317*i,0),v1000,fine,Tool_Polish\WObj:=Wobj_Left;
                Set Do01_BindingLeft;
                WaitTime 1;
                Reset Do01_BindingLeft;
                MoveL Offs(pLeftMove3,0,317*i,30),v1000,z10,Tool_Polish\WObj:=Wobj_Left;
        ENDFOR
        FOR i FROM 0 TO 4 DO
                MoveL Offs(pLeftMove4,275*i,0,30),v1000,z10,Tool_Polish\WObj:=Wobj_Left;
                MoveL Offs(pLeftMove4,275*i,0,0),v1000,fine,Tool_Polish\WObj:=Wobj_Left;
                Set Do01_BindingLeft;
                WaitTime 1;
                Reset Do01_BindingLeft;
                MoveL Offs(pLeftMove4,275*i,0,30),v1000,z10,Tool_Polish\WObj:=Wobj_Left;
        ENDFOR
        MoveJ pPoint1,v1000,z50,Tool_Polish\WObj:=Wobj_Left;
        PulseDO\PLength:=2,Do03_LeftOK;
```

```
        ENDPROC

PROC rRight()
        !MoveJ pRightMove1, v1000, fine, Tool_Polish\WObj:=Wobj_Right;
        !MoveJ pRightMove2, v1000, fine, Tool_Polish\WObj:=Wobj_Right;
        !MoveJ pRightMove3, v1000, fine, Tool_Polish\WObj:=Wobj_Right;
        !MoveJ pRightMove4, v1000, fine, Tool_Polish\WObj:=Wobj_Right;
        MoveJ pPoint2,v1000,fine,Tool_Polish\WObj:=Wobj_Right;
        FOR i FROM 0 TO 3 DO
            FOR j FROM 0 TO 4 DO
                MoveL Offs(pRightMove1,275*j,-317*i,50),v1000,z10,Tool_Polish\WObj:=Wobj_Right;
                MoveL Offs(pRightMove1,275*j,-317*i,0),v1000,z10,Tool_Polish\WObj:=Wobj_Right;
                WaitTime 0.5;
                MoveL Offs(pRightMove1,275*j,-317*i,50),v1000,z10,Tool_Polish\WObj:=Wobj_Right;
                MoveL Offs(pRightMove2,275*j,-317*i,50),v1000,z10,Tool_Polish\WObj:=Wobj_Right;
                MoveL Offs(pRightMove2,275*j,-317*i,0),v1000,z10,Tool_Polish\WObj:=Wobj_Right;
                WaitTime 0.5;
                MoveL Offs(pRightMove2,275*j,-317*i,50),v1000,z10,Tool_Polish\WObj:=Wobj_Right;
            ENDFOR
        ENDFOR
        FOR i FROM 0 TO 3 DO
            MoveL Offs(pRightMove3,0,-317*i,30),v1000,z10,Tool_Polish\WObj:=Wobj_Right;
            MoveL Offs(pRightMove3,0,-317*i,0),v1000,fine,Tool_Polish\WObj:=Wobj_Right;
            Set Do02_BindingRight;
            WaitTime 1;
            Reset Do02_BindingRight;
            MoveL Offs(pRightMove3,0,-317*i,30),v1000,z10,Tool_Polish\WObj:=Wobj_Right;
        ENDFOR
        FOR i FROM 0 TO 4 DO
            MoveL Offs(pRightMove4,275*i,0,30),v1000,z10,Tool_Polish\WObj:=Wobj_Right;
            MoveL Offs(pRightMove4,275*i,0,0),v1000,fine,Tool_Polish\WObj:=Wobj_Right;
            Set Do02_BindingRight;
            WaitTime 1;
            Reset Do02_BindingRight;
            MoveL Offs(pRightMove4,275*i,0,30),v1000,z10,Tool_Polish\WObj:=Wobj_Right;
        ENDFOR
        MoveJ pPoint2,v1000,fine,Tool_Polish\WObj:=Wobj_Right;
        PulseDO\PLength:=2,Do04_RightOK;
ENDPROC

PROC rSafe()
        pos1_Left:=[260,-900,45];
        pos2_Left:=[1800,-1700,1100];
        WZBoxDef\Inside,shape1,pos1_Left,pos2_Left;
        WZDOSet\Stat,wzstat1\Inside,shape1,Do07_LeftSafeOut,0;
        pos1_Right:=[380,880,-120];
```

```
        pos2_Right:=[1800,1600,1000];
        WZBoxDef\Inside,shape2,pos1_Right,pos2_Right;
        WZDOSet\Stat,wzstat2\Inside,shape2,Do08_RightSafeOut,0;
    ENDPROC
ENDMODULE
```

3.3.7 目标点位示教与仿真调试

1. 搬运机器人左右上料位目标点示教

（1）左上料位目标点示教 因为工业机器人可以同时拾取 2 块材料，所以在这里需要示教两个位置点来确定搬运位置，其中，pPick_holder_1 的位置点如图 3-40 所示，为第一块材料位置；pPick_holder_2 的位置点如图 3-41 所示，为第二块材料位置。其他位置点通过计算获得，可以查看 rCount 程序进行了解。左上料位的材料边长为 50mm。

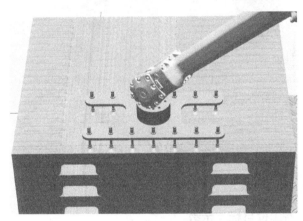

图　3-40

图　3-41

（2）右上料位目标点示教 在右上料位，同样需要示教两个位置点来确定搬运位置，其中 pPick_Panel_1 的位置点如图 3-42 所示，为第一块材料位置；pPick_Panel_2 的位置点如图 3-43 所示，为第二块材料位置。其他位置点通过计算获得，右上料位的材料边长为 100mm。

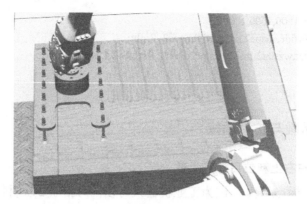

图 3-42

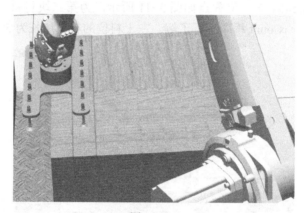

图 3-43

2. 搬运机器人左右工位目标点示教

当进行左右工位放置时，仿真中并不好定位，可选择已被隐藏的成型卡板进行辅助定位，如图 3-44 所示。

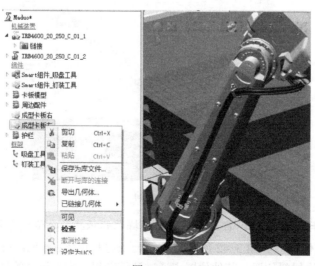

图 3-44

图 3-45 所示为两边的辅助成型卡板设定为可见。

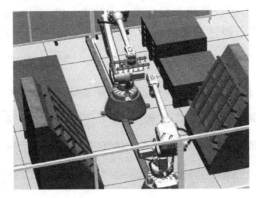

图　3-45

（1）左工位目标点　需要示教 4 个目标点放置左上料位的材料，分别是 pPlace_work1_1 ～ pPlace_work1_4，如图 3-46 所示。同时需要示教 5 个目标点放置右上料位的材料，pPlace_work1_Panel_1 ～ pPlace_work1_Panel_5 如图 3-47 所示。

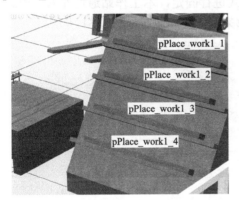

图　3-46

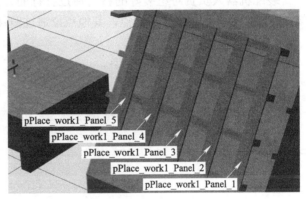

图　3-47

（2）右工位目标点示教　与左工位一样共需示教 9 个目标点，点位步骤与左工位一致，这里不再赘述。

（3）成品拾取目标点示教　装配完成后，需要把成品取走，左右工位各需示教 1 个目标点，左工位 pPick_work1_Board 如图 3-48 所示，右工位 pPick_work2_Board 如图 3-49 所示。

图　3-48

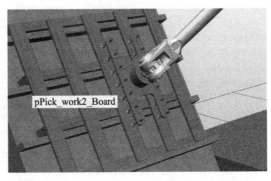

图　3-49

3. 搬运机器人放料台目标点示教

放料台进行成品放置需要示教两个目标点，分别为 pPlace_Board_1 和 pPlace_Board_2，如图 3-50 所示。其他位置点通过计算获得，可以查看 rCount 程序进行了解。

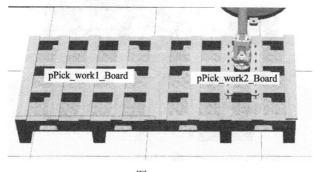

图 3-50

4. 装配机器人目标点示教

装配机器人负责对组装好的材料通过打钉的方式进行固定，本工作站通过左右工位边缘材料交接处各示教 4 个目标点，其他点位通过偏移来确定，作业图如图 3-51 所示。

图 3-51

如图 3-52 所示，在调试过程中如果需要快速回到初始状态，可以通过【仿真】菜单的【重置】命令回到已保存的初始状态。重置时最好单击两次，进行两次重置，避免出现重置失败的情况出现。

图 3-52

课后练习题

1. 当 reg1=3 时，运行程序：CallByVar "rPick"，reg1; 则会调用的例行程序为_____。

2. 数组：reg1{3，4，5} 中，最多可以存储_____个数据。

3. 中断指令 Iwatch 用于_____。

4. ITimer 作为定时中断指令，可设定在下午 3 点准时触发该中断。（　　）

5. ABB 工业机器人中可以设定四维数组。（　　）

6. ISleep 的作用是禁用所有的中断程序。（　　）

7. AliasIO 指令使用一次后就可以永久修改 I/O 信号的名称。（　　）

8. 不能直接使用 pp 移至例行程序调用 rPlace（num Count）。（　　）

9. 下列指令中，哪个不属于中断类指令（　　）。

   A. IDelete　　　　　B. Connect　　　　　C. ISignal　　　　　D. ISleep

10. CallbyVar 可用于调用具有特定名称的（　　）的程序。

   A. 无返回值　　　　B. 有返回值　　　　C. 带参数　　　　D. 特定位置

11. 在指令语句 ISignalDI\Single, Di01, 1, intno1; 中 Single 参数表示（　　）。

   A. 可调用无限次　　　　　　　　B. 可调用三次

   C. 可调用两次　　　　　　　　　D. 可调用一次

12. 如下程序中，p10 的程序数据类型为（　　）。

```
PROC main( )
   rPick(p10);
ENDPROC
PROC rPick(robtarget point1)
   MoveL Offs(point1,0,0,400),v2000,z10,Tool_XiPan;
ENDPROC
```

   A. num　　　　　　B. robtarget　　　　　C. bool　　　　　D. jointarget

第4章

CNC 取放料应用案例

第4章下载资源

4.1 应用场景

在数控机床、压铸机、注塑机取料等作业中，很多工作环境恶劣又具有危险性，比如数控机床在加工产品时有高速旋转的刀具，而压铸机、注塑机是通过高温高压使产品成型。如今，越来越少的人愿意从事这些危险性的工作，由工业机器人代替人工成了发展趋势，并且工业机器人可以通过对程序的更改和工具的切换，实现在不同的场合生产不同的产品。但在工业机器人工作中，也要考虑工业机器人本身的安全，工程师研究数控机床、压铸机、冲压式成型机等安全相关的自动化取件技术主要是通过设备间信号的互锁实现的。工业机器人的控制软件能判断自身工具的位置范围，并通过信号反馈出来，称为区域监控功能。通过此功能，可实现和设备的关联。工业机器人为周边设备取放工件的应用场景如图 4-1 ～图 4-3 所示。

图 4-1

图 4-2

图　4-3

4.2　知识储备

4.2.1　区域监控

1. 区域监控的作用

ABB 工业机器人是通过 World Zones 选项实现区域监控功能，World Zones 是设定一个在大地坐标下的区域空间与 I/O 信号关联。在本章工作站中，是将 CNC 开门后的工作空间进行设定，如果机器人处于此空间，关联的 I/O 信号值自动置为 1 或 0，并通过 CNC 编程实现互锁，禁止 CNC 工作，保证机器人安全。当有两台机器人共同作业时，也会利用对方的监控区域进行互锁，达到两台机器人互不干涉，有序工作。

2. 如何创建区域监控

在使用 World Zones 区域监控功能时，除了常用的程序数据外，还会用到几种其他的程序数据，见表 4-1。

表　4-1

程序数据名称	程序数据说明
Pos	位置数据，不包含姿态
ShapeData	形状数据，用来表示区域的形状
wzstationary	固定的区域参数
wztemporary	临时的区域参数

WZBoxDef 是用于在世界坐标系下设定长方体监控区域的指令，要设定该虚拟长方体在世界坐标系下的具体位置，只需确定长方体的两个对角点，因为长方体监控区域的边与世界坐标系的轴是平行的，所以只需设置对角点 X、Y、Z 的值即可，如图 4-4 所示。

以下指令语句，展示了如何设定图 4-4 所示的长方体监控区域：

```
VAR shapedata volume;
CONST pos corner1:=[200,100,100];
CONST pos corner2:=[600,400,400];
```

....
WZBoxDef\Inside,volume,corner1,corner2;
WZBoxDef 指令的语法格式是：
WZBoxDef [\Inside] | [\Outside]，Shape，LowPoint，HighPoint；

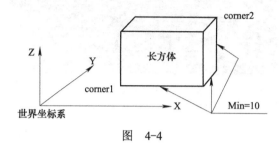

图 4-4

表 4-2 中列出了指令语句中各变元成分的说明。

表 4-2

指令变量名称	指令变量说明
[\Inside]	长方体内部值有效
[\Outside]	长方体外部值有效，二者必选其一
Shape	形状参数
LowPoint	对角点之一
HighPoint	对角点之二

3. WZDOSet 指令

WZDOSet 指令用于触发区域监控之后的控制系统的行为，并启用全局区域，以监控机械臂移动。WZDOSet 指令多用在区域检测被激活时输出设定的数字输出信号，当该指令被执行一次后，工业机器人的工具中心点（TCP）接触到设定区域检测的边界时，设定好的输出信号将输出一个特定值。

WZDOSet 指令的语法格式如下：
WZDOSet[\Temp][\Stat],WorldZone[\Inside][\Before],Shape，Signal SetValue;

表 4-3 列出了指令语句中各变元成分的说明。语法格式中带"[ ]"的是可选项。

表 4-3

指令变量名称	指令变量说明
[\Temp]	开关量，设定为临时的区域检测
[\Stat]	开关量，设定为固定的区域检测，二者选其一
WorldZone	wztemporary 或 wzstationary
[\Inside]	开关量，当 TCP 进入设定区域时输出信号
[\Before]	开关量，当 TCP 或指定轴无限接近设定区域时输出信号，二选其一
Shape	形状参数
Signal	输出信号名称
SetValue	输出信号设定值

小贴士

1）一个区域检测不能被重复设定。

2）临时的区域检测可以多次激活、失效或删除，但固定的区域检测则不可以。

3）临时的区域在当前区域监控程序指针未移走时，保持有效；当程序指针移走时，区域监控失效。固定的区域无论指针是否移走，都始终有效。

4. 区域监控在本案例中的应用

1）创建程序数据需创建如下程序数据：

VAR wzstationary CNC1_wzstat1:=[0];

VAR wzstationary CNC2_wzstat2:=[0];

VAR shapedata CNC1_shape1;

VAR shapedata CNC2_shape2;

PERS pos CNC2_pos1:=[-317.409,782.191,430.333];

PERS pos CNC1_pos2:=[3523,1880,1630];

PERS pos CNC1_pos1:=[2318.73,783.524,425.693];

PERS pos CNC2_pos2:=[888,1879,1674];

2）编写获取位置对角点对应 X、Y、Z 位置的程序：

PROC GetPos()

　　CNC2_pos1 := CPos(\Tool:=Tool_Green);

　　CNC1_pos1 := CPos(\Tool:=Tool_Green);

ENDPROC

3）建立固定区域检测的程序，分别为 CNC1 和 CNC2：

PROC wz_zone()

　　WZBoxDef\Inside, CNC1_shape1, CNC1_pos1, CNC1_pos2;

　　WZDOSet\Stat, CNC1_wzstat1\Before, CNC1_shape1, do08_InCNC1, 0;

　　WZBoxDef\Inside, CNC2_shape2, CNC2_pos1, CNC2_pos2;

　　WZDOSet\Stat, CNC2_wzstat2\Before, CNC2_shape2, do09_InCNC2, 0;

　　TPWrite "wz ok!";

ENDPROC

4.2.2　Event Routine

1. Event Routine 介绍

当工业机器人进入某一事件时触发一个或多个设定的例行程序，此功能为 Event Routine，例如可以设定当工业机器人打开主电源开关时触发一个设定的例行程序。

2. 可用触发条件

系统有表 4-4 所示的事件可以作为触发条件。

表 4-4

参 数 名 称	参 数 说 明
PowerOn	打开主电源
Start	程序启动
Stop	程序停止
Restart	程序重启
QStop	紧急停止
Step	程序单步走

3. 如何设置

Event Routine 相关参数设定说明见表 4-5。

表 4-5

参 数 名 称	参 数 说 明
Routine	需要关联的例行程序名称
Event	工业机器人系统运行的系统事件，如启动停止等
Task	事件程序所在的任务
All Tasks	该事件程序是否在所有任务中执行，YES 或 NO
All Motion Tasks	该事件程序是否在所有单元的所有任务中执行，YES 或 NO
Sequence Number	程序执行的顺序号，0 ～ 100，0 最先执行，默认值为 0

4. 注意事项

1）区域监控可以被一个或多个任务触发，且任务之间无须互相等待，只要满足条件即可触发该程序。

2）如果区域监控是关联到 Stop 的 Event Routine，将会在重新按下示教器的启动按钮或调用启动 I/O 时被停止。

3）区域监控当关联到 Stop 的 Event Routine 在执行中发生问题时，再次按下停止按钮，系统将在 10s 后离开该 Event Routine。

5. 举例说明

本案例配置的 Event Routine 效果是：工业机器人控制系统接通电源，系统信号 power on 状态由 0 变为 1 时，触发执行设定检测区域的例行程序 power_on_wz_zone。该 Event Routine 效果的配置步骤为：进入 Event Routine 界面，具体操作步骤如图 4-5 ～图 4-10 所示。

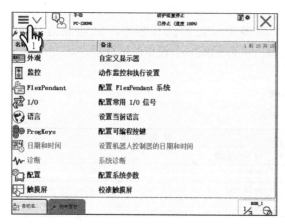

图 4-5　　　　　　　　　　　图 4-6

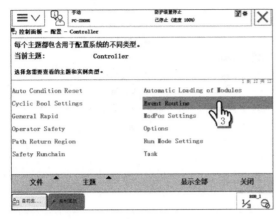

图　4-7

图　4-8

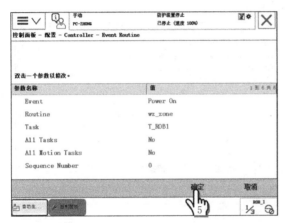

图　4-9

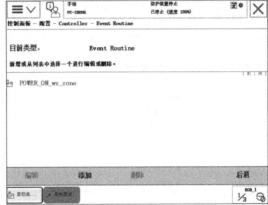

图　4-10

小贴士　　　Restart 是指重新按启动按钮，并不是系统重启。除了这些，还可以关联紧急停止 Quick Stop，程序单步走 Step。

4.2.3　虚拟信号

1. 虚拟信号的定义

虚拟 I/O 的作用就如同 PLC 的中间继电器一样，起到信号之间的关联和过渡，保存信号状态的作用。

2. 虚拟信号的配置步骤

RobotStudio 6.0 以上版本已不用创建虚拟 I/O 板，只需创建 I/O 信号的名称和信号的属性即可。具体配置的步骤为：

1）进入主菜单，如图 4-11 所示。

2）进入控制面板，选择【配置】—【配置系统参数】，如图 4-12 和图 4-13 所示。

3）进入 I/O 主题，单击【Signal】，如图 4-14 所示。

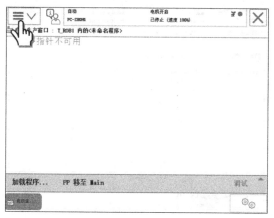

图 4-11

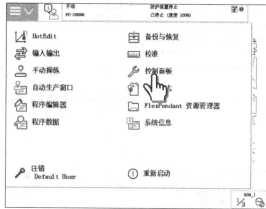

图 4-12

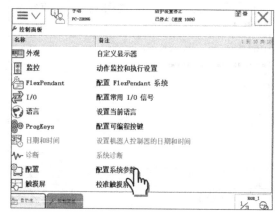

图 4-13

图 4-14

4）单击【添加】，如图 4-15 所示。

5）设置名字和属性，如图 4-16 所示。

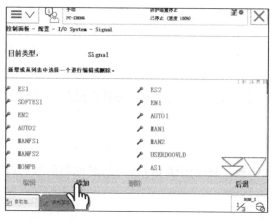

图 4-15

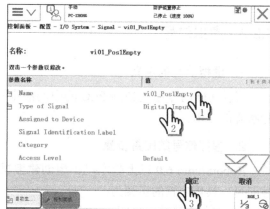

图 4-16

6）配置完成后，需单击"重启"后才能生效，如图 4-17 所示。

图　4-17

4.2.4　Cross Connection

1. Cross Connection 的定义

Cross Connection（交叉连接）是 ABB 机器人一项用于 I/O 信号"与、或、非"逻辑控制的功能。用交叉连接实现信号间的逻辑关联。此关联不必程序运行，后台自动执行，条件变化后输出结果也变化。

2. 交叉连接的配置步骤

1）进入控制面板，依次单击【配置】—【配置系统参数】—【主题】—【I/O System】，如图 4-18 所示。

2）选择【Cross Connection】，如图 4-19 所示。

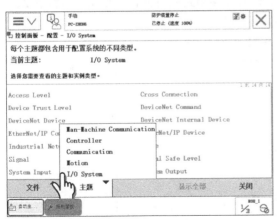

图　4-18

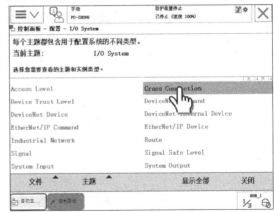

图　4-19

3）单击【添加】，配置新的交叉连接，如图 4-20 所示。

4）设置好名称，条件部分和结果部分如图 4-21 ～图 4-23 所示。

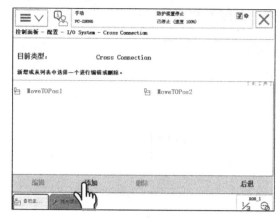

图 4-20

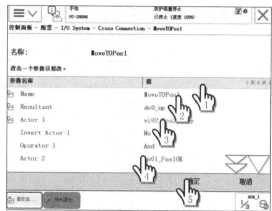

图 4-21

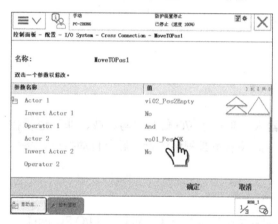

图 4-22

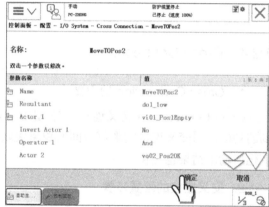

图 4-23

以上设置为两个放料位置的切换，条件 1 是料盘 1 为空时，条件 2 是料盘 2 有料时，当条件 1 和条件 2 成立时，输出结果让机械装置料盘 2 移动到取料位置。相反，当料盘 2 为空、料盘 1 有料时，让机械装置料盘 1 移动到取料位置。

如果是在仿真软件上进行设置，界面如图 4-24 和图 4-25 所示。

图 4-24

图　4-25

1）Cross Connection 最多只能生成 300 个。

2）Cross Connection 作为条件部分一次最多只能 5 个。

3）Cross Connection 里的结果部分又作为另一个交叉连接的条件部分成为一层，深度最多只能 20 层。

4.2.5　数字信号的参数

1. 信号属性的理解

一个信号有很多属性，可以定义它的物理和逻辑特性，如图 4-26 所示。

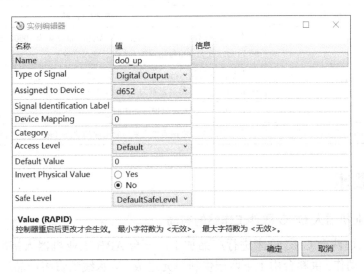

图　4-26

数字 I/O 信号设置参数说明见表 4-6。

103

表　4-6

参 数 名 称	参 数 说 明
Name	信号名称（必设）
Type of signal	信号类型（必设）
Assigned to unit	连接到的 I/O 单元（必设）
Signal Identification lable	信号标签，为信号添加标签以便于查看
Unit Mapping	占用 I/O 单元的地址（必设）
Category	信号类别，为信号设置分类标签以便于筛选
Access Level	写入权限。ReadOnly：各客户端均无写入权限，只读状态；Default：可通过指令写入或本地客户端（如示教器）在手动模式下写入；All：各客户端在各模式下均有写入权限
Default Value	默认值，系统启动时其信号默认值
Safe Level	Default Safe Level 默认的安全等级；Safety Safe Level 确保安全的等级
Invert Physical Value	信号置反

2. 关键属性的设置和应用

有的关键信号，需要设定信号的等级为只读，防止人为干扰，如压铸取件、CNC 机床取料、注塑机取料等。为了保证信号的有效性，可以设置对应的过滤时间，用于筛选干扰噪声和有效信号脉冲。

3. 扩展了解信号的其他属性

表 4-7 列出了 I/O 信号其他一些不常用的参数项，这些参数项作为拓展了解即可，一般较少对这些参数项进行设置。

表　4-7

参 数 名 称	参 数 说 明
Filter Time Passive	失效过滤时间（ms），防止信号干扰，如设置为 1000，则当信号置为 0，持续 1s 后才视为该信号已置为 0（限于输入信号）
Filter Time Active	激活过滤时间（ms），防止信号干扰，如设置为 1000，则当信号置为 1，持续 1s 后才视为该信号已置为 1（限于输入信号）
Signal value at system failure and power fail	断电保持，当系统错误或断电时是否保持当前信号状态（限于输出信号）
Store signal Value at Power Fail	当重启时是否将该信号恢复为断电前的状态（限于输出信号）

4.3 项目要求

1. 知悉工业机器人 CNC 取件工作站的布局

整个工作站由两台 CNC 机床进行产品加工，一台 ABB 工业机器人搭配导轨来进行多工位的取料放料动作。供料台由上下两层供料单元组成。流水线负责将产品运送至下一工位。工作站布局中的储料柜、机器人控制器、围栏等模型为静态装饰性模型。合理安排每个设备的摆放位置，让工业机器人在它的活动范围能发挥最大优势和节拍。

2. CNC 取料相关的 I/O 配置

信号配置，根据工作站的需要配置对应的 I/O 板卡。机器人法兰安装有两个夹具，有两台 CNC 机床，有两层供料台，有一个流水线，需分清设备之间的信号交互和设置。理清逻辑关系，配置对应的输入输出信号，合理安排板卡的信号、用于系统关联的信号、设备控制的 I/O 信号、硬件互锁用信号。一些运算信号的状态信号可由虚拟信号来代替。

3. World Zones 区域监控的应用

区域监控是机床取料的核心知识点。设定区域监控，参考坐标系是大地坐标。这样，用来确定区域的点才有位置可言。再设定是监控内部还是外面，还要设定进入区域内是输出哪个信号和此信号的状态。此功能配置好后，当工业机器人移动到 CNC 加工区域取料时，通过工业机器人的区域监控功能输出一个信号与机床进行互锁，使 CNC 不能关闭安全门和加工产品。

4. Event Routine 的配置方法

Event Routine 是区域监控的最佳之选。监控区域的创建应在开机后就建立。如果创建区域监控的程序放在初始化，那么在未执行程序前是没有区域监控的，导致手动调试时有一定的安全隐患。

设定 Event Routine，只需将要执行的程序关联对应的事件即可。根据要关联的程序的特殊性，关联对应的事件。当前的区域监控，通过 Event Routine 配置，关联机器人电源开启事件，使区域监控功能在工业机器人电源开启时就已建立起。

5. Cross Connection 的配置方法

Cross Connection 是后台逻辑，此功能可以实现信号间的关联，最大的优势是不需要程序执行就能运行，而且输入和输出都可以作为条件。作为结果部分，还可以是输入信号。大大方便了逻辑间的关联和运算。

设置 Cross Connection，只需设置条件和所输出的结果。条件可以有多个，结果又可以在另一个 Cross Connection 作为条件输入。

6. CNC 取件程序编写与调试

工作中，类似的工作站可以灵活变通，修改参数和逻辑实现机床取件。同时，总结调试此类工作站应注意的细节。

程序框架的构思步骤是：先了解加工机床的工作过程，根据它的工作特点考虑工业机器人的取料动作和取料夹具的设计，优化布局，在时间安排、先后顺序上综合考虑，力争最大化地利用工业机器的节拍。控制和逻辑判断优先考虑安全问题。另外，除了有区域监控外，还需加入光栅、传感器、安全门等信号，并通过软件、硬件的互锁来保证安全。有关逻辑安排，下一节中将进行详细介绍。

4.4　控制流程

1）工作站开始工作时先判断工业机器人是否在原点位置。出于安全考虑，工作站工作时需要让工业机器人先回到原点后才开始工作。要考虑工业机器人可能出现的位置，如果工业机器人正在机床取料时停止，重新启动时要先退出机床加工位置；如果工业机器人在流水线和取料台位置，则先上升一定的安全高度再执行回原点动作。

2）开始判断供料台是否有料，并判断是上层料台还是下层料台有料。准备取料时，要判断供料台的状态，并判断是在上层料台取料还是在下层料台取料。判断的依据是上层料台和下层料台的到位信号和加工时的计数，当计数超过数值时，则取完上层料台的料，此时应从下层料台取料。当工业机器人在另一料台取料时，没有被工业机器人取料的料台就由工人负责把待加工的产品装入料台。工作站就能持续地工作。

3）如有待加工原料，判断是 CNC1 还是 CNC2 能进行放料加工，然后开始取料并放置。从取料台成功取料后，开始放置待加工产品至加工机床，首先判断哪台 CNC 已完成加工，当两台 CNC 都完成加工后，则指定从右到左进行放料。在放料时还需判断机床是否有产品待取走，如果有，则先取料后放料。同理，如果没有取到料则不用运行到流水线进行放料，直接再回取料台取料。如从机床成功取料则要先放料在流水线，再回料台取料。

4）放料完成重复判断并执行，从放料后开始判断 CNC 是否加工完成。由于机床加工时间较长，所以可以用一台工业机器人来完成两台设备的取放料。当两台机床在加工产品时，工业机器人取料后等待先加工完的 CNC 机床进行取放料。判断的依据是 CNC 的安全门是否打开，是否收到加工完成信号。

5）整个托盘原料加工完成后切换料盘，周而复始。当整层料台上的产品加工完成后，切换至另一料台进行取料。判断的数据是产品的计数。当计数达到料盘的总数时，除了切换料盘外，还需将用于计数的程序数据清零。

本应用案例仿真工作站的控制流程，亦可用图 4-27 所示的流程图进行描述。

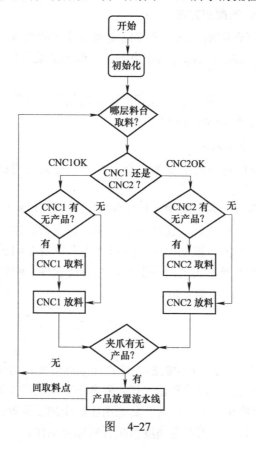

图　4-27

4.5　重构 CNC 取放料工作站

4.5.1　初始化工作站

1. 重置工作站

依次单击【控制器】—【重启】—【重置系统（I 启动）】，进行重置，如图 4-28 所示。

图　4-28

2. 加载 MOC 运动控制参数

对工作站进行重置后，需要加载外轴参数，否则会导致外轴范围只有默认值。加载方法为：单击【控制器】菜单，在控制器属性栏找到【配置】，右击，选择【加载参数...】，如图 4-29 所示。

图　4-29

浏览找到工作站附件 MOC 参数文件进行加载，如图 4-30 所示。

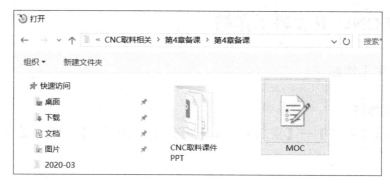

图　4-30

4.5.2　配置 I/O 单元

在工作站中建立现场总线 I/O 板卡 DSQC652。相关设定如图 4-31 所示。

图　4-31

4.5.3　配置 I/O 信号

需要配置的 DI 信号见表 4-8；需要配置的 DO 信号见表 4-9。

表　4-8

信 号 名 称	所 属 单 元	信 号 地 址	信号用途说明
di0_up_ok	DSQC 652	0	上层料台准备完成信号
di1_low_ok	DSQC 652	1	下层料台准备完成信号
di2_G_ok	DSQC 652	2	绿色夹爪，抓取成品完成
di3_Y_ok	DSQC 652	3	黄色夹爪，抓取毛坯完成
di4_closed1	DSQC 652	4	CNC1 门关闭信号

（续）

信 号 名 称	所属单元	信 号 地 址	信号用途说明
di5_clamped1	DSQC 652	5	CNC1 夹料夹具夹到位信号
di6_closed2	DSQC 652	6	CNC2 门关闭信号
di7_clamped2	DSQC 652	7	CNC2 夹料夹具夹到位信号
di8_CNC1Have	DSQC 652	8	CNC1 夹具中有产品
di9_Start	DSQC 652	9	程序开始信号
di10_Stop	DSQC 652	10	程序停止信号
di11_StartAtMain	DSQC 652	11	从主程序开始信号
di12_ResetError	DSQC 652	12	复位错误信号
di13_MotorOn	DSQC 652	13	电动机上电信号
di14_ResetE_Stop	DSQC 652	14	急停复位信号
di15_CNC2Have	DSQC 652	15	CNC2 夹具中有产品

表　4-9

信 号 名 称	所属单元	信 号 地 址	信号用途说明
do0_up	DSQC 652	0	上层料台驱动信号
do1_low	DSQC 652	1	下层料台驱动信号
do2_clamp	DSQC 652	3	CNC1 夹具夹料信号
do3_door	DSQC 652	4	CNC1 打开安全门信号
do4_Y_Gripper	DSQC 652	5	黄色夹爪夹紧信号
do5_G_Gripper	DSQC 652	6	绿色夹爪夹紧信号
do06_clam2	DSQC 652	7	CNC2 夹具夹料信号
do07_door2	DSQC 652	8	CNC2 打开安全门信号
do08_InCNC1	DSQC 652	9	工业机器人在 CNC1 指示信号
do09_InCNC2	DSQC 652	10	工业机器人在 CNC2 指示信号
do10_CycleOn	DSQC 652	11	系统在循环信号
do11_Error	DSQC 652	12	系统出错信号
do12_E_Stop	DSQC 652	13	系统在急停状态信号

需要配置的虚拟 I/O 信号见表 4-10。

表　4-10

信 号 名 称	信号类别	所属单元	信号用途说明
sdi1_CNC1_Busy	DI	虚拟	CNC1 忙碌，1 忙碌，0 空闲
sdi2_CNC2_Busy	DI	虚拟	CNC2 忙碌，1 忙碌，0 空闲

工业机器人与 CNC1、CNC2 的信号对接关系见表 4-11。在接线时可依照此表检查工业

机器人与 CNC 间的信号接线是否正确。

表 4-11

发 送 方	信号／接口	方 向	接 收 方	信号／接口
工业机器人	do2_clamp	→	CNC1	允许夹紧夹具信号接口
工业机器人	do3_door	→	CNC1	允许关闭安全门信号接口
工业机器人	do08_InCNC1	→	CNC1	干涉区域中信号接口
工业机器人	do06_clam2	→	CNC2	允许夹紧夹具信号接口
工业机器人	do07_door2	→	CNC2	允许关闭安全门信号接口
工业机器人	do09_InCNC2	→	CNC2	干涉区域中信号接口
CNC1	安全门状态信号	←	工业机器人	di4_closed1 信号接口
CNC1	夹具已夹紧状态信号	←	工业机器人	di5_clamped1 信号接口
CNC1	夹具产品感应器信号	←	工业机器人	di8_CNC1Have 接口
CNC2	安全门状态信号	←	工业机器人	di6_closed2 信号接口
CNC2	夹具已夹紧状态信号	←	工业机器人	di7_clamped2 信号接口
CNC2	夹具产品感应器信号	←	工业机器人	di8_CNC2Have 接口

4.5.4 相关数据配置

1. 关联系统信号

需要创建的 DI 信号和系统动作的关联见表 4-12。

表 4-12

Signal Name（信号名称）	Action（动作）	Argument 1（参数 1）
di9_Start	Start	Continuous
di10_Stop	Stop	N/A
di11_StarAtMain	Star at Main	Continuous
di12_ResetError	Reset Execution Error Signal	N/A
di13_MotorOn	Motors On	N/A
di14_ResetE_Stop	Reset Emergency Stop	N/A

需要创建的 DO 信号和系统状态的关联见表 4-13。

表 4-13

Signal Name（信号名称）	Action（动作）	Argument 1（参数 1）	Argument 2（参数 2）
do10_CycleOn	Cycle On	N/A	N/A
do11_Error	Execution Error	N/A	T_ROB1
do12_E_Stop	Emergency Stop	N/A	N/A

需要创建的 Cross Connection 关系见表 4-14。

表　4-14

Name（名称）	Resultant（结果）	Actor1（条件1）	Invert（置反）	OPTOR（逻辑关系）	Actor2（条件2）	Invert（置反）
CNC1_Busy	sdi1_CNC1_Busy	di4_closed1	NO	OR	di5_clamped1	NO
CNC2_Busy	sdi1_CNC2_Busy	di6_closed2	NO	OR	di7_clamped2	NO

2. 工具数据 Tooldata 的创建

本案例中工业机器人使用的工具有两个作业面，所以需要创建两个工具数据。绿色夹爪的工具数据命名为 Tool_Green，黄色夹爪的工具数据命名为 Tool_Yellow。Tool_Green 的各项参数设置见表 4-15。

表　4-15

参 数 名 称	参 数 变 元	参 数 数 值
机器人握持工具	/	TRUE
工具坐标系位置	X	−130
	Y	0
	Z	135
工具坐标系旋转	RX	0
	RY	−60
	RZ	0
重量	/	2
重心	x	0
	y	0
	z	100

Tool_Yellow 的各项参数见表 4-16。

表　4-16

参 数 名 称	参 数 变 元	参 数 数 值
机器人握持工具	/	TRUE
工具坐标系位置	X	130
	Y	0
	Z	135
工具坐标系旋转	RX	0
	RY	60
	RZ	0
重量	/	2
重心	x	0
	y	0
	z	100

提示：表 4-15 和表 4-16 中的工具坐标系旋转，只能在仿真软件中设定。具体步骤为：单击【基本】菜单，在属性栏单击【路径和目标点】，展开找到【工具数据】，选择对应的

工具数据，右击，单击【修改 Tooldata】，对应框填入数值。如图 4-32 和图 4-33 所示。

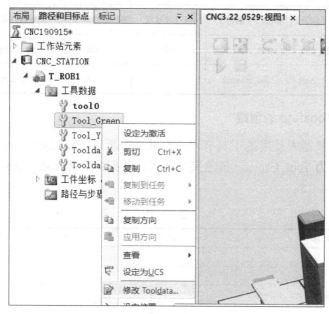

图 4-32

图 4-33

4.5.5 编写录入程序

以下为本案例的示例程序，读者可以将示例程序录入到重构的仿真工作站中，或者将参考示例程序的组织结构重新编写程序录入到重构的仿真工作站中。示例程序的声明语句部分已将 robtarget、jointarget、tooldata 三类数据的值隐去，这些数据需要由读者自己进行示教和设置。

MODULE Module1
  CONST robtarget p_low_pick:=[……];
  CONST robtarget p_up_pick:=[……];

```
CONST robtarget p_take_cnc1:=[ ……];
CONST robtarget p_put_cnc1:=[ ……];
CONST robtarget p_take_cnc2:=[ ……];
CONST robtarget p_put_cnc2:=[ ……];
CONST robtarget p_belt_put:=[ ……];
CONST jointtarget Jhome:=[ ……];
CONST jointtarget J_cnc1:=[ ……];
CONST jointtarget J_cnc2:=[ ……];
CONST jointtarget J_cnc2_take:=[[1.60083,-61.2926,58.015,177.5,-33.1,2.91089],[0,9E+09,9E+09,9E+09,9
E+09,9E+09]];
PERS tooldata Tool_Green:=[ ……]; !绿色夹爪用于取放成品
PERS tooldata Tool_Yellow:=[ ……]; !黄色夹爪用于取放毛坯
PERS num nLine:=3;          !行数计数,用于确定下一个取料的工件位置
PERS num nRow:=1;          !列数计数,用于确定下一个取料的工件位置
VAR bool empty_flag:=false; !成品取件失败标志
VAR wzstationary CNC1_wzstat1:=[0];
VAR wzstationary CNC2_wzstat2:=[0];
VAR shapedata CNC1_shape1;
VAR shapedata CNC2_shape2;
PERS pos CNC1_pos1:=[2318.73,783.524,425.693];
PERS pos CNC1_pos2:=[3523,1880,1630];
PERS pos CNC2_pos2:=[888,1879,1674];
PERS pos CNC2_pos1:=[-317.409,782.191,430.333];


PROC main()                    !主程序
    recover;                    !调用初始化子程序
    WHILE TRUE DO
        IF di0_up_ok=1 AND di1_low_ok=0 THEN
            pick_UP;        !如果上传供料台就位,调用上层取料程序
        ELSEIF di0_up_ok=0 AND di1_low_ok=1 THEN
            pick_low;       !如果下传供料台就位,调用下层取料程序
        else                !否则供料台未就位,写屏报错,停止运行
            TPWrite "Feeder Error,please check it!";
            Stop;
        ENDIF
        again:
        IF sdi1_CNC1_Busy=0 THEN          !如果 CNC1 空闲
            IF di8_CNC1Have=1 THEN        !如果 CNC1 空闲,且夹具上有工件
                take_cnc1;                !调用 CNC1 取件程序
                PUT_CNC1;                 !调用 CNC1 放件程序
            ELSE                          !否则 CNC1 空闲,且夹具上没有工件
                PUT_CNC1;                 !调用 CNC1 放件程序
            ENDIF
        ELSEIF sdi2_CNC2_Busy=0 THEN      !如果 CNC1 忙碌,但 CNC2 空闲
            IF di15_CNC2Have=1 THEN       !如果 CNC2 空闲,且夹具上有工件
                take_cnc2;                !调用 CNC2 取件程序
                PUT_CNC2;                 !调用 CNC2 放件程序
```

```
                ELSE              ！否则 CNC2 空闲，但夹具上没有工件
                    PUT_CNC2;     ！调用 CNC2 放件程序
                ENDIF
            ELSE                  ！否则为 CNC1、CNC2 都忙碌
                GOTO again;       ！跳转到标志 again 处
            ENDIF
            PUT_BELT;             ！调用传输带放件程序
        ENDWHILE
ENDPROC

PROC recover()                    ！初始化子程序
    Reset do4_Y_Gripper;
    Reset do5_G_Gripper;
    Reset do2_clamp;
    Reset do3_door;
    Reset do06_clam2;
    Reset do07_door2;
    reset do0_up;
    WaitTime 0.2;
    Set do0_up;
    Reset do1_low;
    waitdi di0_up_ok,1;
    nLine:=0;
    nRow:=0;
    MoveAbsJ Jhome\NoEOffs,v5000,fine,tool0;
ENDPROC

PROC pick_UP()                    ！上层供料台取件子程序
    again:
    IF nRow<=2 THEN
        IF nLine<=3 THEN
MoveAbsJ Jhome\NoEOffs,v5000,fine,tool0;
MoveJ Offs(p_up_pick,nLine*180,nRow*150,100),v2000,fine,Tool_Yellow;
MoveL Offs(p_up_pick,nLine*180,nRow*150,0),v1000,fine,Tool_Yellow;
            Set do4_Y_Gripper;
            WaitTime 0.5;
MoveL Offs(p_up_pick,nLine*180,nRow*150,100),v2000,fine,Tool_Yellow;
MoveAbsJ Jhome\NoEOffs,v5000,fine,tool0;
            incr nLine;
            if di3_Y_ok=0 THEN
                Reset do4_Y_Gripper;
                GOTO again;
            ENDIF
        ELSE
            nLine:=0;
            Incr nRow;
            GOTO again;
```

```
            ENDIF
        ELSE
            nLine:=0;
            nRow:=0;
            Set do1_low;
            Reset do0_up;
            pick_low;
        ENDIF
    ENDPROC


PROC pick_low()                ! 下层供料台取件程序
    again:
    IF nRow<=2 THEN
        IF nLine<=3 THEN
MoveAbsJ Jhome\NoEOffs,v5000,fine,tool0;
MoveJ Offs(p_low_pick,nLine*180,nRow*150,350),v2000,fine,Tool_Yellow;
MoveL Offs(p_low_pick,nLine*180,nRow*150,0),v1000,fine,Tool_Yellow;
            Set do4_Y_Gripper;
            WaitTime 0.5;
MoveL Offs(p_low_pick,nLine*180,nRow*150,350),v2000,fine,Tool_Yellow;
MoveAbsJ Jhome\NoEOffs,v5000,fine,tool0;
            incr nLine;
            if di3_Y_ok=0 THEN
                Reset do4_Y_Gripper;
                GOTO again;
            ENDIF
        ELSE
            nLine:=0;
            Incr nRow;
            GOTO again;
        ENDIF
    ELSE
        nLine:=0;
        nRow:=0;
        set do0_up;
        Reset do1_low;
        pick_UP;
    ENDIF
ENDPROC


PROC take_cnc1()            !CNC1 取件子程序
    MoveAbsJ J_cnc1\NoEOffs,v5000,fine,tool0;
    MoveAbsJ J_cnc1_take\NoEOffs,v5000,fine,tool0;
    MoveJ Offs(p_take_cnc1,0,0,50),v2000,fine,Tool_Green;
    MoveL p_take_cnc1,v1000,fine,Tool_Green;
    Set do5_G_Gripper;
    WaitTime 0.5;
```

```
        MoveL Offs(p_take_cnc1,0,0,50),v2000,fine,Tool_Green;
        MoveAbsJ J_cnc1_take\NoEOffs,v5000,fine,tool0;
        IF di2_G_ok=0 THEN
            empty_flag:=TRUE;
            TPWrite "The product is missing,please check CNC1!" ;
            Stop;
        ENDIF
    ENDPROC

    PROC take_cnc2()              !CNC2 取件子程序
        MoveAbsJ J_cnc2\NoEOffs,v5000,fine,tool0;
        MoveJ Offs(p_take_cnc2,0,0,50),v2000,fine,Tool_Green;
        MoveL p_take_cnc2,v1000,fine,Tool_Green;
        Set do5_G_Gripper;
        WaitTime 0.5;
        MoveL Offs(p_take_cnc2,0,0,50),v2000,fine,Tool_Green;
        MoveAbsJ J_cnc2 \NoEOffs,v5000,fine,tool0;
        IF di2_G_ok=0 THEN
            empty_flag:=TRUE;
            TPWrite "The product is missing,please check CNC2!" ;
            Stop;
        ENDIF
    ENDPROC

    PROC PUT_CNC1()               !CNC1 放件子程序
        MoveAbsJ J_cnc1\NoEOffs,v5000,fine,tool0;
        MoveJ Offs(p_put_cnc1,0,0,50),v2000,fine,Tool_Yellow;
        MoveL p_put_cnc1,v1000,fine,Tool_Yellow;
        Reset do4_Y_Gripper;
        WaitTime 1;
        PulseDO\PLength:=2,do2_clamp;
        WaitDI di5_clamped1,1;
        MoveL Offs(p_put_cnc1,0,0,50),v2000,fine,Tool_Yellow;
        MoveAbsJ J_cnc1\NoEOffs,v5000,fine,tool0;
        PulseDO do3_door;
        IF di2_G_ok=0 empty_flag:=TRUE;
    ENDPROC

    PROC PUT_CNC2()               !CNC2 放件子程序
        MoveAbsJ J_cnc2\NoEOffs,v5000,fine,tool0;
        MoveJ Offs(p_put_cnc2,0,0,50),v2000,fine,Tool_Yellow;
        MoveL p_put_cnc2,v1000,fine,Tool_Yellow;
        Reset do4_Y_Gripper;
        WaitTime 0.5;
        PulseDO\PLength:=2,do06_clam2;
        WaitDI di7_clamped2,1;
        MoveL Offs(p_put_cnc2,0,0,50),v2000,fine,Tool_Yellow;
```

```
        MoveAbsJ J_cnc2\NoEOffs,v5000,fine,tool0;
        PulseDO do07_door2;
        IF di2_G_ok=0 empty_flag:=TRUE;
ENDPROC

PROC PUT_BELT()              !传输带放件子程序
        IF empty_flag=TRUE THEN
                Reset do5_G_Gripper;
                empty_flag:=FALSE;
                GOTO over;
        ENDIF
        MoveAbsJ J_cnc \NoEOffs,v5000,fine,tool0;
        MoveL Offs(p_belt_put,0,0,50),v2000,fine,Tool_Green;
        MoveL p_belt_put,v1000,fine,Tool_Green;
        Reset do5_G_Gripper;
        WaitTime 0.5;
        MoveL Offs(p_belt_put,0,0,50),v2000,fine,Tool_Green;
        MoveAbsJ J_cnc2_take\NoEOffs,v5000,fine,tool0;
        over:
ENDPROC

PROC wz_zone()              !设定干涉监控区域子程序
        WZBoxDef\Inside,CNC1_shape1,CNC1_pos1,CNC1_pos2;
        WZDOSet\Stat,CNC1_wzstat1\Before,CNC1_shape1,do08_InCNC1,0;
        WZBoxDef\Inside,CNC2_shape2,CNC2_pos1,CNC2_pos2;
        WZDOSet\Stat,CNC2_wzstat2\Before,CNC2_shape2,do09_InCNC2,0;
        TPWrite "wz ok!";
ENDPROC

PROC Teache_point()                            !示教目标点专用子程序
        MoveL p_belt_put, v100, z5, Tool_Green;    !示教传输带放置点
        MoveL p_low_pick, v100, z5, Tool_Yellow;   !示教下层供料台拾取点
        MoveL p_up_pick, v100, z5, Tool_Yellow;    !示教上层供料台拾取点
        MoveL p_put_cnc1, v100, z5, Tool_Yellow;   !示教 CNC1 放置点
        MoveL p_take_cnc1, v100, z5, Tool_Yellow;  !示教 CNC1 拾取点
        MoveL p_put_cnc2, v100, z5, Tool_Green;    !示教 CNC2 放置点
        MoveL p_take_cnc2, v100, z5, Tool_Green;   !示教 CNC2 拾取点
        MoveAbsJ Jhome,v100,fine,tool0;            !示教工作原点
        MoveAbsJ J_cnc1,v100,fine,tool0;           !示教 CNC1 放料过渡点
        MoveAbsJ J_cnc2,v100,fine,tool0;           !示教 CNC2 放料过渡点
ENDPROC


ENDMODULE
```

完成以上程序录入后，还需要将例行程序 PROC wz_zone() 与系统事件 power on 关联，请参照本章 4.2.2 Even Routine 所描述的操作步骤进行事件关联。

4.5.6 目标点位示教

PROC Teache_point() 是专门用于手动示教目标点位的例行程序，现将该程序中各个目标点位予以说明。

1）目标点位 p_belt_put，是指成品工件在传输带上的放置点，它的示教位置如图 4-34 所示。

2）目标点位 p_low_pick，是指下层供料台拾取基准点，它的示教位置如图 4-35 所示。

图 4-34

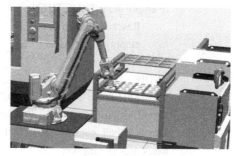
图 4-35

3）目标点位 p_up_pick，是指上层供料台的拾取基准点，它的示教位置如图 4-36 所示。

4）目标点位 p_put_cnc1，是指向 CNC1 放置毛坯工件的位置，它的示教位置如图 4-37 所示。

图 4-36

图 4-37

5）目标点位 p_take_cnc1，是指从 CNC1 取成品工件的位置，它的示教位置如图 4-38 所示。

6）目标点位 p_put_cnc2，是指向 CNC2 放置毛坯工件的位置，它的示教位置如图 4-39 所示。

图 4-38

图 4-39

7）目标点位 p_take_cnc2，是指从 CNC2 取成品工件的位置，它的示教位置如图 4-40 所示。

8）目标点位 Jhome，是指工业机器人的工作原点位置，它的示教位置如图 4-41 所示，此时工业机器人各轴的轴角度值为 [[1.6，−61.3，58.0，−2.5，33.3，3]，行走轴位于

4000mm 处。

图　4-40

图　4-41

9）目标点位 J_cnc1，是指从工业机器人到 CNC1 处取放件的过渡位置，它的示教位置如图 4-42 所示，此时工业机器人各轴的轴角度值为 [1.6，–61.3，58，–2.5，33.3，2.9]，行走轴位于 2750mm 处。

10）目标点位 J_cnc2，是指从工业机器人到 CNC2 处取放件的过渡位置 1，它的示教位置如图 4-43 所示，此时工业机器人各轴的轴角度值为 [1.6，–61.3，58.，–2.5，33.3，2.9]，行走轴位于 75mm 处。

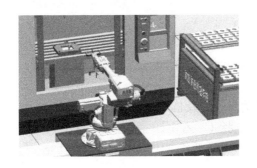

图　4-42

图　4-43

11）目标点位 J_cnc2_take，是指从工业机器人到 CNC2 处取放件的过渡位置 2，它的示教位置如图 4-44 所示，此时工业机器人各轴的轴角度值为 [1.6，–61.3，58，177.5，–33.1，2.9]，行走轴位于原点。

12）图 4-45 中所示的 point1、point2 用于设定 CNC1 的干涉监控区域，point3、point4 用于设定 CNC2 的干涉监控区域，干涉监控区域设定的方法请参考 4.2.1 区域监控，在此不再赘述。

完成以上目标点位示教、干涉监控区域的设定后即可进行仿真调试。单击【仿真】菜单，展开【重置】，单击【OK】（仿真状态命令），可将工业机器人工作布局还原为仿真初始状态，此时单击【播放】命令即可进行工作站虚拟仿真。若能达到 "CNC 工作站仿真效果 .exe"，则表示成功完成了仿真工作站的重构，若未能达到预期仿真效果，则需检查重构工作站的各个步骤，发现错误并改正，然后再次仿真运行，直至达到预期仿真效果。

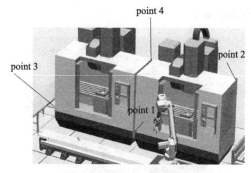

图 4-44

图 4-45

课后练习题

1. 虚拟 I/O 的作用就如同 PLC 的中间继电器一样, 起到信号之间的_____, 保存信号状态的作用。

2. Cross Connection 是 ABB 机器人一项用于 I/O 信号_____逻辑控制的功能。

3. 某 I/O 信号 Access Level 参数设定为 ReadOnly, 手动模式下_____改变改变该信号的状态值。

4. Filter Time Active 设置激活信号出现多久。(　　)

5. Cross Connection 不能把输入信号作为结果。(　　)

6. World Zones 区域监控只能用在 CNC 取料里。(　　)

7. 交叉连接作为条件部分一次最多只能 5 个。(　　)

8. 创建虚拟 I/O 信号时, 需创建名称和信号的属性以及信号的地址。(　　)

9. Event Routine 可用来触发的条件 power on 是指 (　　)。

　　A. 系统重新启动　　B. 程序重新启动　　C. 电源开机　　　　D. 电动机上电

10. 下列哪些不是区域监控用到的参数 (　　)。

　　A. pos　　　　　B. shapedata　　　　C. wztemporary　　D. intno

11. WZBoxDef 是用于在 (　　) 坐标系下设定矩形体的监控区域。

　　A. 工作　　　　B. 用户　　　　　　C. 工具　　　　　　D. 大地

12. Event Routine 不可以关联哪个事件 (　　)。

　　A. Stop　　　　B. Start　　　　　　C. Restart　　　　　D. Auto

第 5 章

弧焊应用案例

5.1 应用场景介绍

本工作站仿真的是工业机器人焊接汽车配件的应用场景，使用两台 ABB IRB1410 机器人双机协作外加一个旋转外部轴组成焊接工作站，实现产品的焊接工作。通过本章的学习，能够学会 ABB 工业机器人弧焊包功能的相关知识，包括 I/O 配置、参数设置、程序编写和调试等内容。

随着汽车、军工及重工等行业的飞速发展，这些行业中的三维钣金零部件的焊接加工呈现出越来越明显的小批量化、多样化趋势。工业机器人和焊接电源所组成的机器人自动化焊接系统，能够自由、灵活地实现各种复杂三维曲线的加工轨迹，并且能够把员工从恶劣的工作环境中解放出来以从事更高附加值的工作。

与码垛、搬运等应用所不同的是，弧焊是基于连续工艺状态下的工业机器人应用，这对工业机器人提出了更高的要求。ABB 利用自身强大的研发实力开发了一系列的焊接技术，来满足市场的需求，其所开发的 ArcWare 弧焊包可匹配当今市场上大多数知名品牌的焊机。弧焊包功能中的 TrochServices 清枪系统和 PathRecovery 路径恢复功能让工业机器人的工作更加智能化和自动化，SmartTac 探测系统则更好地解决了产品定位精度不足的问题。

5.2 储备知识

5.2.1 AO 信号配置

1. 工业机器人与焊机之间的通信方式

通常采用 I/O+ 模拟量的通信方式，通过 DI/DO 控制起弧收弧，通过 AO 信号控制焊机的电流和电压。对于 ABB 工业机器人而言，弧焊应用中最常使用的是 DSQC651 I/O 板卡，它具备 8 个数字输入信号、8 个数字输出信号、2 个模拟输出信号，能够满足对弧焊装置的控制需求。

2. AO 信号配置步骤

1 单击 ABB 菜单—2 单击【控制面板】—3 单击【配置】—4 单击【Signal】—5 单击【添加】，按照表 5-1 所示设置需要的参数，如图 5-1～图 5-4 所示。

图 5-1

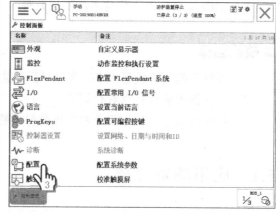

图 5-2

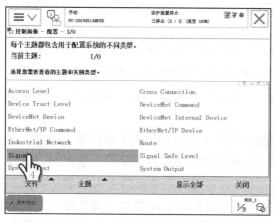

图 5-3

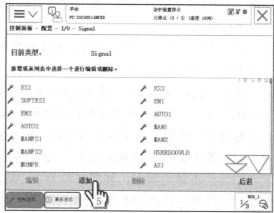

图 5-4

表　5-1

参 数 名 称	设 定 值	参 数 注 释
Name	AO1CurrentRef	I/O 信号名称
Type of Signal	Analog Output	I/O 信号类型
Assigned to Device	d651	I/O 信号所在 I/O 单元
Device Mapping	0-15	I/O 单元所占用单元地址
Default Value	30	默认值
Analog Encoding Type	Unsigned	设定模拟信号属性
Maximum Logical Value	500	设定最大逻辑值
Maximum Physical Value	10	设定最大物理值
Maximum Physical Value Limit	10	设定最大物理极限值
Maximum Bit Value	65535	设定最大位值
Minimum Logical Value	30	设定最小逻辑值
Minimum Physical Value	0	设定最小物理值
Minimum Physical Value Limit	0	设定最小物理极限值
Minimum Bit Value	0	设定最小位值

表 5-1 中 AO1CurrentRef 设定值是根据图 5-5 所示的麦格米特焊机 Artsen PM400 和 ABB 工业机器人 DSQC651 模拟信号控制关系进行设定的。对配置 AO 信号的操作步骤和操作要点不熟悉的读者，可参阅机械工业出版社出版的《ABB 工业机器人基础操作与编程》（ISBN 978-7-111-62181-2）。

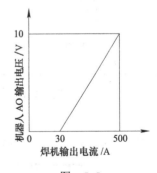

图　5-5

5.2.2　弧焊常用 I/O 信号的关联

1. 工业机器人 I/O 信号和弧焊设备控制参数的关联

将工业机器人的 I/O 信号与弧焊装置的控制参数进行关联，可以使工业机器人通过自身的 I/O 信号对弧焊装置进行控制。在进行弧焊程序编写与调试时，就可以通过弧焊专用的 RAPID 指令简单高效地对工业机器人进行弧焊连续工艺的控制。

2. 模拟输出信号 AO1CurrentRef 与焊接参数 CurrentRef 关联的步骤举例

1 单击 ABB 菜单—2 单击【控制面板】—3 单击【配置】—4 单击【主题】—5 单击【Process】—6 单击【Arc Equipment Analogue Output】—7 单击【st dIO_T_ROB1】—8 单击【CurrentReference】—9 单击【AO1CurrentRef】—10 单击【确定】，如图 5-6～图 5-12 所示。

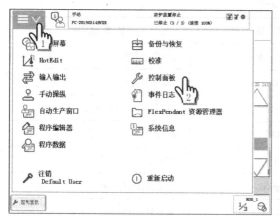

图 5-6

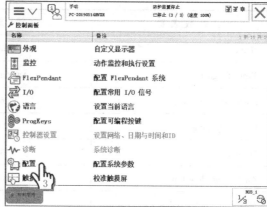

图 5-7

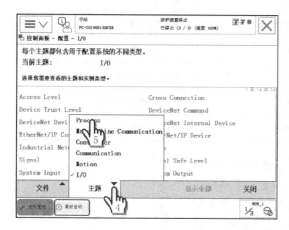

图 5-8

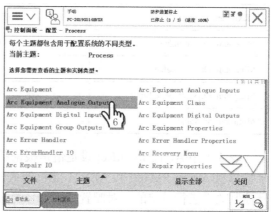

图 5-9

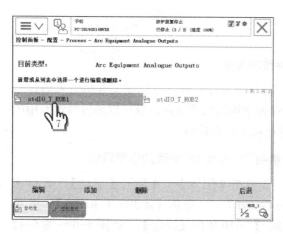

图 5-10

图 5-11

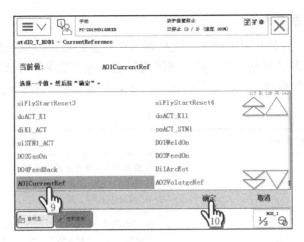

图 5-12

5.2.3 弧焊常用程序数据

在弧焊的连续工艺过程中,需要根据材质或焊缝的特性来调整焊接电压或电流的大小,另外还需通过参数来设定焊枪是否需要摆动、摆动的形式和幅度大小。在弧焊机器人系统中用程序数据来控制这些变化的因素。常用的数据类型有 WeldData、SeamData、WeaveData 三类。

1. WeldData 焊接数据

WeldData(焊接数据)用来控制焊接过程中工业机器人的焊接速度,以及焊机输出的电压和电流大小,需要设定的参数见表 5-2。

表 5-2

参 数 名 称	参 数 说 明
Weld_speed	焊接速度
Voltage	焊接电压
Current	焊接电流

2. SeamData 起弧收弧数据

SeamData(起弧收弧数据)用来控制焊接开始前和结束后的吹保护气的时间长短,以保证焊接时的稳定性和焊缝的完整性,需要设定的参数见表 5-3。

表 5-3

参 数 名 称	参 数 说 明
Purge_time	清枪吹气时间
Preflow_time	预吹气时间
Postflow_time	尾气吹气时间

3. WeaveData 摆弧数据

WeaveData（摆弧数据）用来控制工业机器人在焊接过程中焊枪的摆动，通常在焊缝的宽度超过焊丝直径较多时通过焊枪的摆动来填充焊缝。该参数属于可选项，如果焊缝宽度较小，在工业机器人线性焊接可以满足的情况下可不选用该参数，需要设定的参数见表 5-4。

表 5-4

参 数 名 称	参 数 说 明
Weave_shape	摆弧的形状，0 表示没有摆弧，1 表示 Z 字形摆弧，2 表示 V 字形摆弧，3 表示三角形摆弧，4 表示圆周运动摆弧。图 5-13 对各种摆弧形式进行了图示说明
Weave_type	摆弧的模式，0 表示工业机器人的 6 根轴都参与摆弧，1 表示工业机器人的 5 轴和 6 轴参与摆弧，2 表示工业机器人的 1、2、3 轴参与摆弧，3 表示机器人的 4、5、6 轴参与摆弧
Weave_length	一个摆动周期工业机器人工具坐标向前移动的距离
Weave_width	摆弧的宽度
Weave_height	摆弧的高度，只有在三角形摆弧和 V 字形摆弧时此参数有效

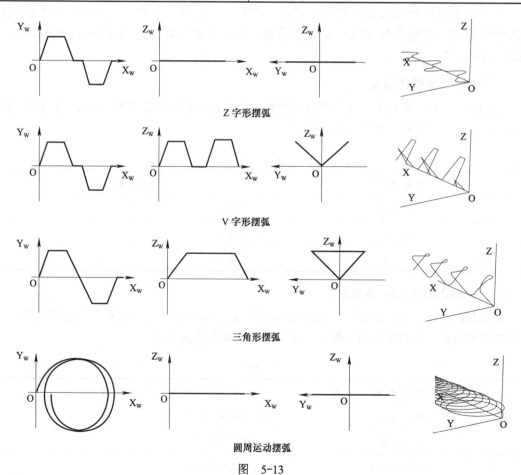

Z 字形摆弧

V 字形摆弧

三角形摆弧

圆周运动摆弧

图 5-13

5.2.4　弧焊常用指令

任何焊接程序都必须以 ArcLStart 或者 ArcCStart 开始，通常运用 ArcLStart 或者 ArcCStart 作为起始语句，任何焊接过程都必须以 ArcLEnd 或者 ArcCEnd 结束，焊接中间点用 ArcL 或 ArcC 指令语句，焊接过程中不同语句可以使用不同的焊接参数（SeamData 和 WeldData）。

1. ArcLStart 线性焊接开始指令

ArcLStart 用于直线焊缝的焊接开始，工具中心点线性移动到指定目标位置，整个焊接过程通过参数监控和控制。指令应用示例如下：

ArcLStart p1，v100，seam1，weld5，fine，gun1；

如图 5-14 所示，工业机器人线性运行到 p1 点起弧，焊接开始。

2. ArcL 线性焊接指令

ArcL 表示焊接轨迹中的线性移动，焊接过程通过参数控制，指令应用示例如下：

ArcL*,v100,seam1,weld1\Weave:=Weave1,z10,gun1;

如图 5-15 所示，工业机器人线性焊接的部分应使用 ArcL 指令。

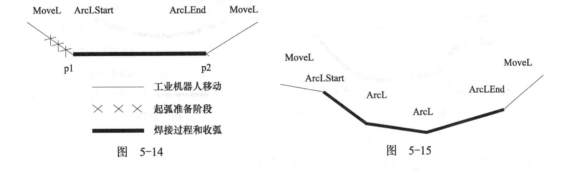

图　5-14　　　　　　　　　　　图　5-15

3. ArcLEnd 线性焊接结束指令

ArcLEnd 表示线性移动至焊接轨迹的终点。指令应用示例如下：

ArcLEnd p2，v100，seam1，weld1，fine，gun1；

如图 5-16 所示，工业机器人在 p2 点使用 ArcLEnd 指令结束焊接。

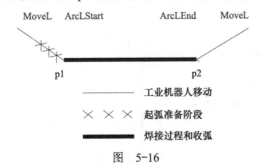

图　5-16

4. ArcCStart 圆弧焊接开始指令

ArcCStart 用于圆弧焊缝的焊接开始，工具中心点圆周运动到指定目标位置，整个焊接过程通过参数监控和控制。指令应用示例如下：

ArcCStart p1，p2，v100，seam1，weld5，fine，gun1；

执行以上指令，工业机器人以圆弧运动形式由当前位置途径 p1 点到 p2 点，在 p2 点开始起弧焊接。

5. ArcC 圆弧焊接指令

ArcC 用于圆弧焊缝的焊接，工具中心点线性移动到指定目标位置，焊接过程通过参数控制。指令应用示例如下：

ArcC *,*,v100,seam1,weld1\Weave:=Weave1,z10,gun1；

图 5-17 所示，工业机器人圆弧焊接的部分应使用 ArcC 指令。

6. ArcCEnd 圆弧焊接结束指令

ArcCEnd 指令表示使用一段圆弧运动轨迹来结束焊接。指令应用示例如下：

ArcCEnd p2,p3,v100,seam1,weld1,fine,gun1；

如图 5-18 所示，机器人在 p3 点使用 ArcCEnd 指令结束焊接。

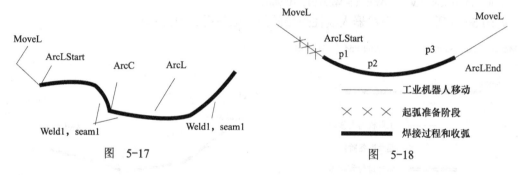

图 5-17　　　　　　　　　　　　　　图 5-18

5.2.5 ABB 工业机器人焊接工艺包手动调节界面

ABB 工业机器人示教器中有一个焊接工艺包手动调节界面，便于手动操作方便快捷地进行相关设置。进入该界面的操作步骤如下：1 单击【ABB 菜单】—2 单击【生产屏幕】—3 单击【ARC】，进入焊接工艺包手动调节界面，如图 5-19～图 5-21 所示。

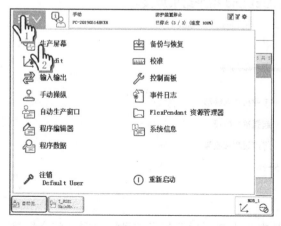

图　5-19　　　　　　　　　　　　　　图　5-20

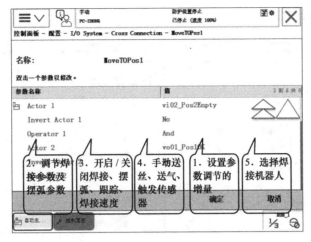

图　5-21

1. 设置命令

设置命令可以调节参数的增量。单击该图标后进入图5-22所示界面。在使用其他命令前，应先查看和修改各参数调节的增量，以避免参数调节过渡。

2. 调节命令

单击调节命令图标，进入图5-23所示的焊接参数及摆弧参数调节界面，在该界面先选中需要调节的参数，然后通过【-】或者【+】进行调节。

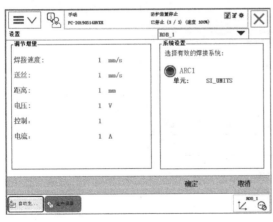

图　5-22

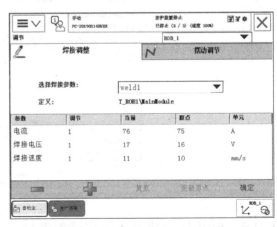

图　5-23

3. 锁定命令

单击锁定命令图标，进入图5-24所示界面，在该界面可以对一些焊机功能进行锁定。界面中打钩的图标，标示该焊机功能已开启，未被锁定。若图标打叉，则表示该功能已被锁定无使用。

4. 手动功能命令

单击手动功能命令图标，进入图5-25所示界面，在该界面可以进行手动送丝、退丝、送气、触发传感器等操作。

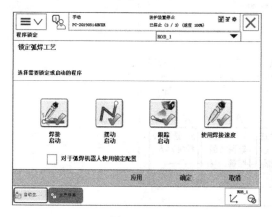

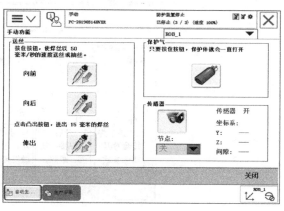

图 5-24　　　　　　　　　　　　　　　　　图 5-25

5. 焊接机器人命令

单击焊接机器人命令图标，进入图 5-26 所示界面，在该界面可以进行选择对哪一台工业机器人上安装的焊接装置进行调节。

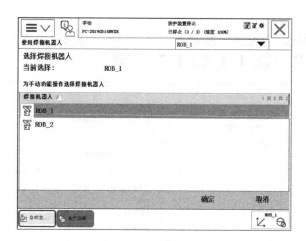

图 5-26

5.2.6 ABB 工业机器人弧焊硬件连接

1. 弧焊焊机

本案例中使用的是麦格米特 MEGMEETArtsen PM400N 型焊机，焊机实物如图 5-27 所示。

2. 麦格米特焊机的工业机器人接口

麦格米特焊机的工业机器人接口采用的是标准 DB15 接口，接口位于焊机背面，如图 5-28 所示。

图　5-27

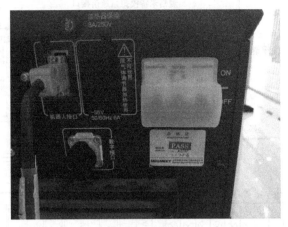

图　5-28

3. 麦格米特的工业机器人接口线缆引脚定义

麦格米特的工业机器人接口线缆的各引脚定义见表 5-5。

表　5-5

编　号	颜色标识	信号名称	功　能
1	黑 1（一个点）	24V 电源	电源信号，由自动焊设备提供给焊接机
2	黑 2（两个点）	起弧信号	DI 信号，控制焊机起弧，低电平有效
3	黑 3（三个点）	反抽信号	DI 信号，控制送丝电动机反转，低电平有效
4	棕 1（一个点）	起弧成功信号	DO 信号，反馈起弧成功信号，低电平有效
5	棕 2（两个点）	预留	预留
6	棕 3（三个点）	模拟信号公共地	7、13、14、15 脚模拟信号的公共地
7	橙 1（一个点）	焊接电流信号	AO 信号，反馈焊机工作时的实际焊接电流值
8	橙 2（两个点）	I/O 信号公共地	1、2、3、4、9、11 脚 I/O 信号公共地
9	橙 3（三个点）	手动送丝信号	DI 信号，控制送丝电动机正转，低电平有效
10	紫 1（一个点）	预留	预留
11	紫 2（两个点）	保护气开关信号	DI 信号，控制送气电磁阀动作，低电平有效
12	紫 3（三个点）	预留	预留
13	蓝 1（一个点）	焊接电压设定	AI 信号，设定焊机的焊接电压值
14	蓝 2（两个点）	焊接电流设定	AI 信号，设定焊机的焊接电流值
15	蓝 3（三个点）	焊接电压反馈	AO 信号，反馈焊机工作时的实际焊接电压值

4. 接线电路图

ABB 工业机器人 DSQC651 和麦格米特焊机接线图如图 5-29 所示。

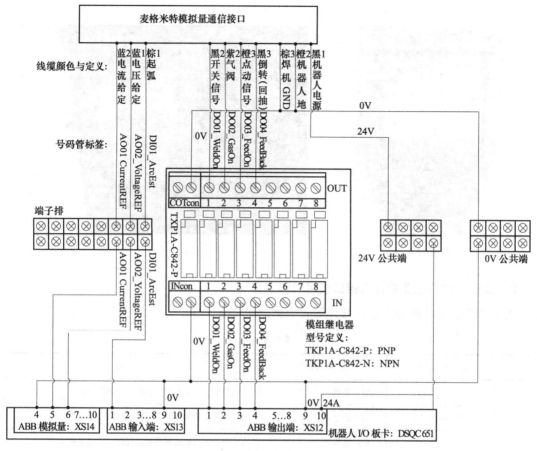

图 5-29

5. Torch Services 清枪系统

Torch Services 是一套焊枪的维护系统，实物如图 5-30 所示。在焊接过程中有清焊渣、喷雾、剪焊丝三个动作，以保证焊接过程的顺利进行，减少人为的干预，让整个自动化焊接工作站流畅运转，使用最简单的控制原理，用三个输出信号控制三个动作的启动和停止。

清焊渣：由自动机械装置带动顶端的尖头旋转对焊枪喷嘴焊渣进行清洁。

喷雾：自动喷雾装置对清完焊渣的枪头部分进行喷雾，防止焊接过程中焊渣和飞溅粘连到导电嘴上。

剪焊丝：自动剪切装置将焊丝剪至合适的长度。

图 5-30

5.2.7 弧焊工艺介绍

1）CO_2 气体保护电弧焊工作原理：CO_2 气体保护电弧焊是使用焊丝来代替焊条，经送丝轮通过送丝软管送到焊枪，经导电嘴导电，在 CO_2 气氛中，与母材之间产生电弧，靠电弧热量进行焊接。CO_2气体在工作时通过焊枪喷嘴，沿焊丝周围出来，在电弧周围造成局部的气体保护层，使熔滴和熔池与空气机械地隔离开，从而保护焊接过程稳定持续地进行，并获得优质的焊缝。

2）碳钢材质保护气可以使用 100% 的 CO_2 或者 $80\%Ar+20\%CO_2$ 的混合气，不锈钢材质保护气可以使用 99.99% 的 Ar 或者 $98\%Ar+2\%O_2$ 的混合气。

3）焊接时使用高电流低电压，电流控制熔深，电压控制熔宽。

4）焊接电流电压的参考公式为电压 = 电流 ×0.05+14。

5）焊枪角度对焊缝的影响如图 5-31 所示，在焊接过程中，焊枪的高度（干伸长度）和角度自始至终保持一致，干伸长度一般是焊丝直径的 10 ~ 15 倍。

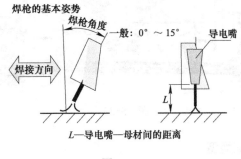

图 5-31

6）左焊法（前进法）（右→左），如图 5-32 所示。左焊法电弧力对熔池金属向后排出的作用减弱，熔池底部液体金属层变厚，熔深减小，电弧斑点移动范围扩大，熔宽增大，余高减小，飞溅小，便于观察焊缝，焊接过程稳定，气保效果好，有色金属必须用左焊法。

7）右焊法（后退法）（左→右），如图 5-32 所示。右焊法与左焊法相反，电弧作用在工件上，故熔深大，便于观察熔池，但不易观察焊缝、气保效果稍差，余高大。

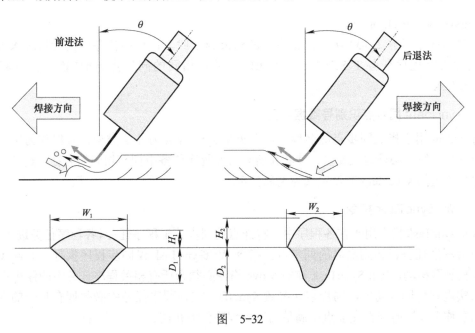

图 5-32

5.2.8 Multimove 功能相关的数据类型和指令

本案例的工作站由两台 IRB1410 双机器人、1 个变位机组成，系统使用 Multimove 功能，具备多机械单元半联动功能，工作站的组成如图 5-33 所示。

图　5-33

1. tasks 程序任务数据类型

为规定多个 RAPID 程序任务，可将各任务的名称作为一个字符串，然后数据类型 tasks 的数组可保存所有任务名称。可将此任务列表用于 WaitSyncTask 指令和 SyncMoveOn 指令中。以下语句展示了一个 tasks 数组的应用示例。

位于程序任务 T_ROB1 中的程序实例：

PERS tasks task_list{3} := [["T_STN1"], ["T_ROB1"], ["T_ROB2"]];

VAR syncident sync1;

⋮

WaitSyncTask sync1, task_list;

在执行程序任务 T_ROB1 中的指令 WaitSyncTask 时，该程序任务的执行将进入等待，直至其他所有程序任务 T_STN1 和 T_ROB2 已通过相同的同步点 sync1 而达到其相应的 WaitSyncTask。

2. syncident 同步点识别号数据类型

syncident 用于指定同步点的名称。数据类型 syncident 为非值类型，其仅作为用于命名同步点的标识符。必须定义变量，使其在所有协作程序任务中拥有相同的名称。建议始终将各程序任务中的 syncident 变量定义为全局变量。

3. WaitSyncTask 指令

WaitSyncTask 指令用于在各程序中一特殊点处同步若干程序任务。各程序任务进入等待，直至所有程序任务已达到命名的同步点。指令 WaitSyncTask 仅同步程序执行。为同步程序执行和机械臂移动，WaitSyncTask 前的 Move 指令必须为所有相关程序任务中的停止点。

为实现安全同步功能，同步点（参数 SyncID）在各程序任务中必须拥有唯一的名称。同步点名称必须同时与在交会点中满足的所有程序任务相同。

4. 半联动应用示例

在图 5-34 所示的情形中，两个工业机器人共同对变位机上的工件进行作业。为了确保不发生干涉碰撞，变位机必须在正确的时机才能变换工件的角度。在这种情形下，非常适合使用半联动功能，使变位机、工业机器人 1、工业机器人 2 进行半联动移动。当三者都在安全的初始位置时为同步点 1 交会，此时变位机可以执行程序将工件角度保持不变，工业机器人 1 可以执行程序在点 p11 与点 p12 间作业然后前往等待点，作业完成后，工业机器人 2 可以执行程序在以点 p21、点 p22、点 p23、点 p24 为顶点的方形区域作业，然后前往等待点。当三者都执行完各自的作业程序时为同步点 2 交会，三者中先完成自己的作业任务的必须等待其他未完成作业任务的一方，完成同步交会后才能执行后续的程序。

半联动移动要求任务程序之间实现同步点交会，变位机必须知道何时可以移动对象，机械臂必须知道自己何时可以对对象开展工作，但不要求每一移动指令均同步。

半联动移动示例：在图 5-34 所示的情形中，想要在对象一侧焊接一根长条，并想焊接一个小型方形物，同时在对象另一侧焊接一个方形物和一个圆形物。变位机首先定位对象，让第一侧向上，同时工业机器人待命。然后，工业机器人 1 焊接一根长条，同时工业机器人 2 焊接一个方形物。当工业机器人完成第一项焊接操作后，工业机器人待命，同时定位器将翻转对象，让第二侧向上。接着，工业机器人 1 焊接一个圆形物，同时工业机器人 2 焊接一个方形物。

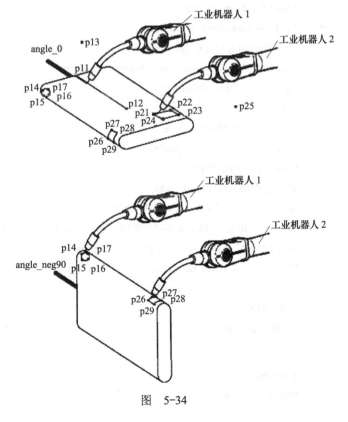

图　5-34

ABB 工业机器人典型应用案例详解

此时工业机器人控制器中的程序可以按照以下示例的组织形式编写，整个 RAPID 程序由 3 个任务组成，其中 T_ROB1 是工业机器人 1 的控制程序，T_ROB2 是工业机器人 2 的控制程序，T_STN1 是变位机的控制程序。

```
T_ROB1
MODULE module1
VAR syncident sync1;
VAR syncident sync2;
VAR syncident sync3;
VAR syncident sync4;
PERS tasks all_tasks{3} := [["T_ROB1"],["T_ROB2"],["T_STN1"]];
PERS wobjdata wobj_stn1 := [ FALSE, FALSE, "STN_1", [ [0, 0, 0],
[1, 0, 0 ,0] ], [ [0, 0, 250], [1, 0, 0, 0] ] ];
TASK PERS tooldata tool1 := ...
CONST robtarget p11 := ...
CONST robtarget p17 := ...
PROC main()
SemiSyncMove;
ENDPROC
PROC SemiSyncMove()
! Wait for the positioner
WaitSyncTask sync1, all_tasks;
ArcLStart p11, v1000, fine, tool1 \WObj:=wobj_stn1;
ArcLEnd p12, v300, fine, tool1 \WObj:=wobj_stn1;
! Move away from the object
MoveL p13, v1000, fine, tool1;
! Sync to let positioner move
WaitSyncTask sync2, all_tasks;
! Wait for the positioner
WaitSyncTask sync3, all_tasks;
ArcLStart p14, v1000, fine, tool1 \WObj:=wobj_stn1;
ArcC p15, p16, v300, z10, tool1 \WObj:=wobj_stn1;
ArcCEnd p17, p14, v300, fine, tool1 \WObj:=wobj_stn1;
WaitSyncTask sync4, all_tasks;
MoveL p13, v1000, fine, tool1;
ENDPROC
ENDMODULE


T_ROB2
MODULE module2
```

```
VAR syncident sync1;
VAR syncident sync2;
VAR syncident sync3;
VAR syncident sync4;
PERS tasks all_tasks{3} := [["T_ROB1"],["T_ROB2"],["T_STN1"]];
PERS wobjdata wobj_stn1 := [ FALSE, FALSE, "STN_1", [ [0, 0, 0],
[1, 0, 0 ,0] ], [ [0, 0, 250], [1, 0, 0, 0] ] ];
TASK PERS tooldata tool2 := ...
CONST robtarget p21 := ...
CONST robtarget p29 := ...
PROC main( )
SemiSyncMove;
ENDPROC
PROC SemiSyncMove( )
! Wait for the positioner
WaitSyncTask sync1, all_tasks;
ArcLStart p21, v1000, fine, tool2 \WObj:=wobj_stn1;
ArcL p22, v300, z10, tool2 \WObj:=wobj_stn1;
ArcL p23, v300, z10, tool2 \WObj:=wobj_stn1;
ArcL p24, v300, z10, tool2 \WObj:=wobj_stn1;
ArcLEnd p21, v300, fine, tool2 \WObj:=wobj_stn1;
! Move away from the object
MoveL p25, v1000, fine, tool2;
! Sync to let positioner move
WaitSyncTask sync2, all_tasks;
! Wait for the positioner
WaitSyncTask sync3, all_tasks;
ArcLStart p26, v1000, fine, tool2 \WObj:=wobj_stn1;
ArcL p27, v300, z10, tool2 \WObj:=wobj_stn1;
ArcL p28, v300, z10, tool2 \WObj:=wobj_stn1;
ArcL p29, v300, z10, tool2 \WObj:=wobj_stn1;
ArcLEnd p26, v300, fine, tool2 \WObj:=wobj_stn1;
WaitSyncTask sync4, all_tasks;
MoveL p25, v1000, fine, tool2;
ENDPROC
ENDMODULE


T_STN1
MODULE module3
VAR syncident sync1;
```

```
VAR syncident sync2;
VAR syncident sync3;
VAR syncident sync4;
PERS tasks all_tasks{3} := [["T_ROB1"],["T_ROB2"],["T_STN1"]];
CONST jointtarget angle_0 := [ [ 9E9, 9E9, 9E9, 9E9, 9E9, 9E9],
[ 0, 9E9, 9E9, 9E9, 9E9, 9E9] ];
CONST jointtarget angle_neg90 := [ [ 9E9, 9E9, 9E9, 9E9, 9E9,
9E9], [ -90, 9E9, 9E9, 9E9, 9E9, 9E9] ];
PROC main( )
SemiSyncMove;
ENDPROC
PROC SemiSyncMove( )
! Move to the wanted frame position. A movement of the
positioner is always required before the first semi
coordinated movement.
MoveExtJ angle_0, vrot50, fine;
! Sync to let the robots move
WaitSyncTask sync1, all_tasks;
! Wait for the robots
WaitSyncTask sync2, all_tasks;
MoveExtJ angle_neg90, vrot50, fine;
WaitSyncTask sync3, all_tasks;
WaitSyncTask sync4, all_tasks;
ENDPROC
ENDMODULE
```

5.3　仿真工作站描述

使用两台 ABB IRB 1410 机器人双机协作外加一个旋转外部轴工作站实现汽车底盘产品的半联动焊接工作，要求产品焊接后焊接熔深好，焊缝表面美观无气孔、无沙眼、无焊穿、无焊偏等缺陷。

本案例仿真工作站的控制流程：首先是 1#、2# 工业机器人初始化，其次检查 1#、2# 工业机器人是否回到安全作业原点位置，若不在安全作业原点位置则回到安全作业原点位置，直到 1#、2# 工业机器人都回到安全作业原点位置后，外部轴旋转到产品装夹原点位置进行装夹，产品装夹好后外部轴旋转到焊接位置，两台工业机器人同时开始焊接，焊接完后两台工业机器人同时回到安全作业原点位置，外部轴再次旋转到产品装夹原点位置进行更换。详细的工作流程如图 5-35 所示。

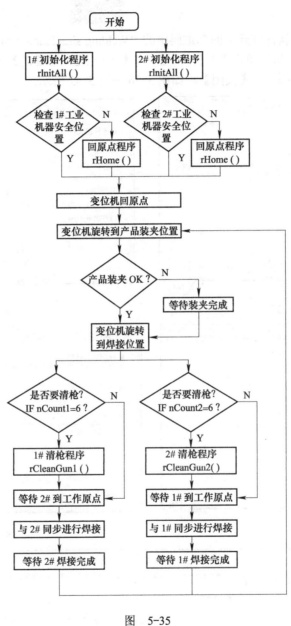

图　5-35

5.4　重构工作站

为了能够更好地掌握本案例仿真工作站中所涉及的知识和技能，请遵照以下步骤完成本案例仿真工作站的重构。

5.4.1 重建工业机器人控制系统

1. 工作站解包

使用 RobotStudio 软件打开上面二维码中的"Welding simulation.rspag"文件，然后按下述步骤完成工作站解包：依次单击 1【下一个】—2【下一个】—3【是】—4【下一个】—5【完成】—6【否】—7【否】—8【关闭】，如图 5-36～图 5-42 所示。

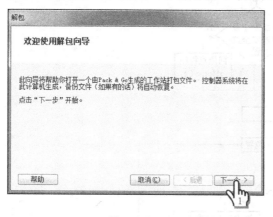

图　5-36

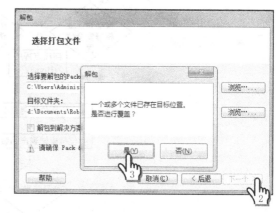

图　5-37

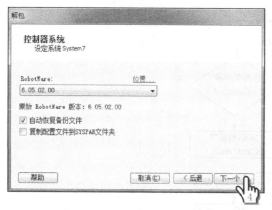

图　5-38

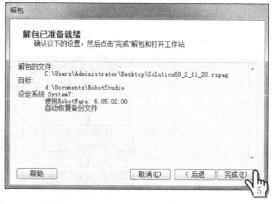

图　5-39

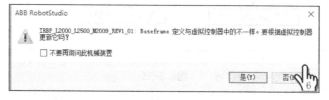

图　5-40

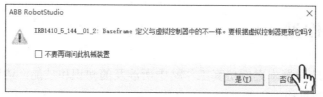

图　5-41

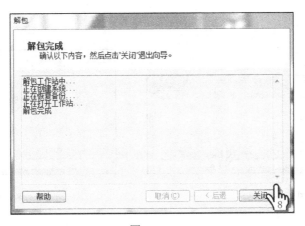

图 5-42

2. 删除工作站的控制系统

双击上面二维码中的"弧焊应用仿真效果 .exe",可以使用仿真查看器查看"Welding simulation.rspag"的仿真效果。

在刚完成解包的现有工作站中已包含创建好的参数和 RAPID 程序。为了从零开始练习建立工作站的配置工作,需要先将工作站的控制系统删除。删除系统步骤:1 单击【控制器】—2 右击【System7】—3 单击【删除】—4 单击【否】—5 单击【否】—6 单击【否】—7 单击【否】—8 单击【否】—9 单击【否】,如图 5-43 ~图 5-49 所示。

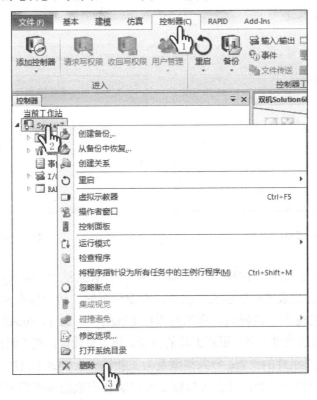

图 5-43

图 5-44 图 5-45

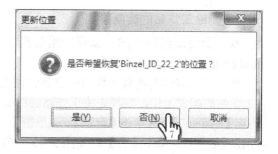

图 5-46 图 5-47

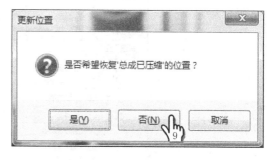

图 5-48 图 5-49

在 ABB 模型库导入两台 IRB 1410 机器人和一个承载能力 2000kg、长度 2500mm 的 IRBP L 型变位机，并按表 5-6 所示设定位置。设定位置时，请确保在参考下拉列中选择大地坐标。三个模型的位置设定好后，将工具焊枪 Binzel_ID_22 和 Binzel_ID_22_2 安装到两台工业机器人的 6 轴法兰盘上面，更新工具的位置。将"总成已压缩"组件安装到变位机上，不更新"总成已压缩"组件的位置。导入模型及为工业机器人安装工具的操作步骤不在赘述，若对该基本操作不熟悉的读者，可参考机械工业出版社出版的本书的姐妹篇《ABB 工业机器人基础操作与编程》（ISBN 978-7-111-62181-2）。

表　5-6

模　　型	位置 X	位置 Y	位置 Z	方向 X	方向 Y	方向 Z
IRB1410_5_144_01	−1019.75	−800	400	0	0	0
IRB1410_5_144_01_2	−1019.75	−1700	400	0	0	0
IRBP_L2000_L2500_M2009_REV1_01	0	0	0	0	0	0

完成模型导入及安装操作后，工作站中各模型的位置如图 5-50 所示。

图　5-50

3. 新建工业机器人控制系统

本工作站需要使用 Multimove 半联动功能，请留意在创建系统时需要勾选的选项。新建控制系统操作可以按以下步骤进行：1 单击【基本】—2 单击【机器人系统】—3 单击【从布局 ...】—4 单击【下一个】—5 单击【下一个】—6 单击【下一个】—7 单击【选项 ...】—8 勾选需要的选项—9 单击【确定】—10 单击【完成】，如图 5-51 ～图 5-57 所示。

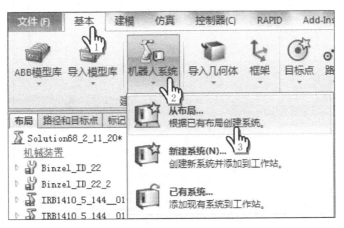

图　5-51

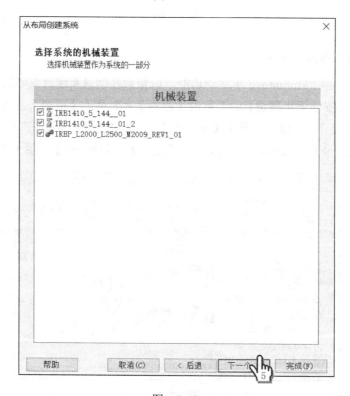

图 5-52

图 5-53

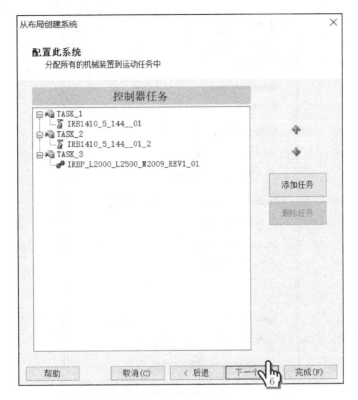

图 5-54

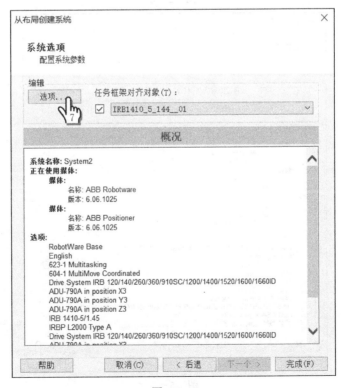

图 5-55

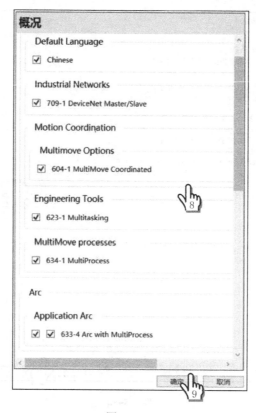

图 5-56

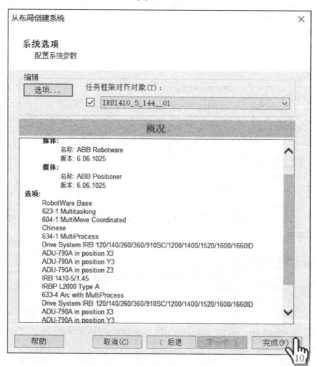

图 5-57

图 5-56 中选项说明如下：

1）604-1 MultiMove Coordinated：该选项可使工业机器人系统具备 MultiMove 多机协同功能，采用 MultiMove Coordinated 选项，MultiMove 系统能在通用工件上共同工作，并且还能在通用工件上保持协调。

2）623-1 Multitasking：该选项的作用是使工业机器人控制系统具备多任务处理能力。使用 604-1 MultiMove Coordinated 选项，必须得到 623-1 Multitasking 选项的支持。

3）634-1 MultiProcess：该选项的作用是把 RobotWare Arc 或 RobotWare Dispense 应用于 MultiMove 系统中的多个工业机器人。MultiProcess 能使任何数量的工业机器人具有工艺能力。

4）633-4 Arc with MultiProcess：该选项包含很多专用弧焊功能，这些功能使工业机器人非常适合弧焊。RobotWare Arc 是一个简单且强大的选项，因为工业机器人定位以及过程控制和监测都是在同一个指令中处理的，可以很容易地对 I/O 信号、时序以及焊接错误动作进行配置，以满足特定安装要求。RobotWare Arc 可用于 MultiMove 系统（需要选项 MultiProcess）中的多个工业机器人。

小贴士

604-1 MultiMove Coordinated、623-1 Multitasking 两个选项是在布局创建系统时，因布局中具备两个工业机器人本体、1 个变位机，系统自动判别本工作站需要使用多机协作功能而自动添加的。

604-1 MultiMove Coordinated 需要 623-1 Multitasking 选项的支持才能正常工作，它们之间的关系称为选项依赖链。633-4 Arc with MultiProcess 对于 634-1 MultiProcess 也存在依赖链关系。

5.4.2 配置与关联 I/O 信号

1. 配置 I/O 单元

需要配置的 I/O 单元见表 5-7。配置 I/O 单元的操作步骤不在此赘述，对此操作不熟悉的读者请参考机械工业出版社出版的本书的姐妹篇《ABB 工业机器人基础操作与编程》（ISBN 978-7-111-62181-2）。

表 5-7

Name（I/O 单元名称）	Address（I/O 单元地址）	Type（I/O 单元型号）
d651	10	DSQC651
d651_2	11	DSQC651

2. 配置 I/O 信号

本案例仿真工作站需要配置的 I/O 信号见表 5-8。配置 I/O 信号的操作方法不在此赘述，对此操作不熟悉的读者请参考机械工业出版社出版的本书的姐妹篇《ABB 工业机器人基础操作与编程》（ISBN 978-7-111-62181-2）。

表 5-8

信 号 名 称	信 号 类 型	所 在 单 元	信 号 地 址	信 号 用 途 说 明
Ao1CurrentRef	Analog Output	d651	0 ～ 15	1# 焊接电流控制模拟信号
Ao2VolatgeRef	Analog Output	d651	16 ～ 31	1# 焊接电压控制模拟信号
Do1WeldOn	Digital Output	d651	32	1# 焊接启动数字信号
Do2GasOn	Digital Output	d651	33	1# 打开保护气数字信号
Do3FeedOn	Digital Output	d651	34	1# 送丝信号
Do4FeedBack	Digital Output	d651	35	1# 退丝信号
Do5GunWash	Digital Output	d651	36	1# 清枪装置清焊渣信号
Do6GunSpary	Digital Output	d651	37	1# 清枪装置喷雾信号
Do7FeedCut	Digital Output	d651	38	1# 剪焊丝信号
Do8E_Stop	Digital Output	d651	39	1# 工业机器人急停信号
Di1ArcEst	Digital Output	d651	0	1# 起弧检测信号
Di2Start	Digital Input	d651	1	启动信号
Di3Stop	Digital Input	d651	2	停止信号
Di4MotorOn	Digital Input	d651	3	电动机上电输入信号
Di5ResetError	Digital Input	d651	4	错误报警恢复信号
Di6StartAtMain	Digital Input	d651	5	从主程序开始信号
Di7LoadingOK	Digital Input	d651	6	工件装夹完成信号
Ao1CurrentRef_2	Analog Output	d651_2	0 ～ 15	2# 焊接电流控制模拟信号
Ao2VolatgeRef_2	Analog Output	d651_2	16 ～ 31	2# 焊接电压控制模拟信号
Do1WeldOn_2	Digital Output	d651_2	32	2# 焊接启动数字信号
Do2GasOn_2	Digital Output	d651_2	33	2# 打开保护气数字信号
Do3FeedOn_2	Digital Output	d651_2	34	2# 送丝信号
Do4FeedBack_2	Digital Output	d651_2	35	2# 退丝信号
Do5GunWash_2	Digital Output	d651_2	36	2# 清枪装置清焊渣信号
Do6GunSpary_2	Digital Output	d651_2	37	2# 清枪装置喷雾信号
Do7FeedCut_2	Digital Output	d651_2	38	2# 剪焊丝信号
Di1ArcEst_2	Digital Output	d651_2	0	2# 起弧检测信号

  Ao2VolatgeRef、Ao2VolatgeRef_2 两个 AO 信号，根据焊接电压与模拟量的对应关系进行设定。Ao1CurrentRef、Ao1CurrentRef_2 两个 AO 信号，根据焊接电流与模拟量的对应关系进行设定。焊接电压、焊接电流与模拟量的对应关系如图 5-58 所示。

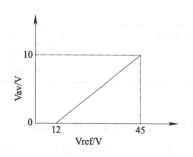

图 5-58

3. 将 I/O 信号关联到弧焊控制参数

将工业机器人 I/O 信号关联到弧焊设备控制参数的操作方法，请参考 5.2.2 节所述。请根据表 5-9 所列信息，完成表中工业机器人 I/O 信号与对应的弧焊设备控制参数的关联。

表　5-9

I/O Name 信号名称	Parameters Type 参数类型	Parameters Name 参数名称	arc equipment class 弧焊设备类别
Ao1CurrentRef	Arc Equipment Analogue Output	CurrentReference	stdIO_T_ROB1
Ao2VolatgeRef	Arc Equipment Analogue Output	VoltReference	stdIO_T_ROB1
Do1WeldOn	Arc Equipment Digital Output	WeldOn	stdIO_T_ROB1
Do2GasOn	Arc Equipment Digital Output	GasOn	stdIO_T_ROB1
Do3FeedOn	Arc Equipment Digital Output	FeedOn	stdIO_T_ROB1
Do4FeedBack	Arc Equipment Digital Output	FeedOnBwd	stdIO_T_ROB1
Di1ArcEst	Arc Equipment Digital Input	ArcEst	stdIO_T_ROB1
Ao1CurrentRef_2	Arc Equipment Analogue Output	CurrentReference	stdIO_T_ROB2
Ao2VolatgeRef_2	Arc Equipment Analogue Output	VoltReference	stdIO_T_ROB2
Do1WeldOn_2	Arc Equipment Digital Output	WeldOn	stdIO_T_ROB2
Do2GasOn_2	Arc Equipment Digital Output	GasOn	stdIO_T_ROB2
Do3FeedOn_2	Arc Equipment Digital Output	FeedOn	stdIO_T_ROB2
Do4FeedBack_2	Arc Equipment Digital Output	FeedOnBwd	stdIO_T_ROB2
Di1ArcEst_2	Arc Equipment Digital Input	ArcEst	stdIO_T_ROB2

5.4.3　创建重要程序数据

本案例仿真工作站仅需要读者进行工具数据 Tooldata 的创建。请根据表 5-10 中所列信息，设定工具数据 tWeldGun，tWeldGun 同时存在于 T_ROB1 和 T_ROB2 中，并且具备相同的参数值，因此需要在 T_ROB1 和 T_ROB2 中各进行 1 次创建工具数据 tWeldGun 的操作。

表 5-10

参 数 名 称	参 数 变 元	参 数 数 值
robothold	/	TRUE
trans	X	49.8416
	Y	0
	Z	372.195
rot	q1	0.981627
	q2	0
	q3	0.190809
	q4	0
mass	/	2
cog	x	0
	y	0
	z	100

5.4.4　编制录入程序

以下为本案例仿真工作站中的示例程序，程序中已将全部程序数据的声明语句删除。读者可参考示例程序的组织结构，然后在重构的工作站中重新编写录入程序。

!以下为机器人1的任务程序 **T_ROB1**

```
MODULE MainModule
PROC main( )                                    ! 主程序
    rInitAll_1;                                 ! 调用初始化程序
    WHILE Di7LoadingOK=1 AND Di2Start=1 DO      ! WHILE 工作循环条件
        IF nCount1=6 THEN
            rCleanGun1;                         ! 调用清枪程序
        ENDIF
        R1_Welding;                             ! 调用焊接作业程序
    ENDWHILE
ENDPROC

PROC R1_Welding( )                              ! 焊接作业程序
    MoveJ phome,v1000,fine,tool0;
    WaitSyncTask sync1,all_tasks;               ! 等待达成同步点 1 交会
    MoveL pReady,v1000,fine,tWeldGun;
    ArcLStart p10,v1000,seam1,weld1,fine,tWeldGun;  ! 开始焊接直线轨迹
```

```
    ArcL p20,v1000,seam1,weld1,fine,tWeldGun;
    ArcL p30,v1000,seam1,weld1,fine,tWeldGun;
    ArcL p40,v1000,seam1,weld1,fine,tWeldGun;
    ArcLEnd p50,v1000,seam1,weld1,fine,tWeldGun;          ! 直线轨迹焊接收尾
    MoveL pReady,v1000,fine,tWeldGun;
    WeldCircle_1;                                         ! 调用圆弧轨迹焊接程序
    WaitSyncTask sync2,all_tasks;                         ! 等待达成同步点 2 交会
    MoveJ phome,v1000,fine,tool0;                         ! 运动至 phome 点
    WaitSyncTask sync3,all_tasks;                         ! 等待达成同步点 3 交会
    nCount1:=nCount1+1;
ENDPROC


PROC WeldCircle_1( )                                      ! 圆弧轨迹焊接子程序
    MoveL p60,v1000,fine,tWeldGun;
    ArcLStart p70,v1000,seam1,weld1,fine,tWeldGun;
    ArcC p80,p90,v1000,seam1,weld1,fine,tWeldGun;
    ArcCEnd p100,p70,v1000,seam1,weld1,fine,tWeldGun;
    MoveL p60,v1000,fine,tWeldGun;
ENDPROC


PROC rInitAll_1( )                                        ! 初始化子程序
    AccSet 100,100;
    VelSet 100,3000;
    ConfL\On;
    ConfJ\On;
    MoveJ phome,v1000,fine,tool0;
    nCount1:=0;
    Reset DO1WeldOn;
    Reset DO2GasOn;
    Reset DO3FeedOn;
ENDPROC


PROC rCleanGun1( )                                        ! 清枪子程序
    MoveJ phome,v1000,fine,tool0;
    MoveL Offs(pGunWash1,0,0,100),v1000,fine,tWeldGun;
    MoveL pGunWash1,v1000,fine,tWeldGun;
    Set DO5GunWash;
    WaitTime 2;
    Reset DO5GunWash;
    MoveL Offs(pGunWash1,0,0,100),v1000,fine,tWeldGun;
    MoveL Offs(pGunSpary1,0,0,100),v1000,fine,tWeldGun;
    MoveL pGunSpary1,v1000,fine,tWeldGun;
```

```
            Set DO6GunSpary;
            WaitTime 2;
            Reset DO6GunSpary;
            MoveL Offs(pGunSpary1,0,0,100),v1000,fine,tWeldGun;
            MoveL Offs(pFeedCut1,0,0,100),v1000,fine,tWeldGun;
            MoveL pFeedCut1,v1000,fine,tWeldGun;
            Set DO7FeedCut;
            WaitTime 2;
            Reset DO7FeedCut;
            MoveL Offs(pFeedCut1,0,0,100),v1000,fine,tWeldGun;
            MoveJ phome,v1000,fine,tool0;
            nCount1:=0;
        ENDPROC
    ENDMODULE
```

!以下为机器人 2 的任务程序 **T_ROB2**

```
    MODULE MainModule
        PROC main( )                                    !主程序
            rInitAll_2;                                 !调用初始化子程序
            WHILE Di7LoadingOK=1 AND Di2Start=1 DO      !WHILE 工作循环条件
                IF nCount2=6 THEN
                    rCleanGun2;                         !调用清枪程序
                ENDIF
                R2_Welding;                             !调用焊接作业程序
            ENDWHILE
        ENDPROC

        PROC R2_Welding( )                              !焊接作业程序
            MoveJ phome,v1000,fine,tool0;
            WaitSyncTask sync1,all_tasks;               !等待达成同步点 1 交会
            MoveL pReady,v1000,fine,tWeldGun;
            ArcLStart p10,v1000,seam1,weld1,fine,tWeldGun;  !开始焊接直线轨迹
            ArcL p20,v1000,seam1,weld1,fine,tWeldGun;
            ArcL p30,v1000,seam1,weld1,fine,tWeldGun;
            ArcL p40,v1000,seam1,weld1,fine,tWeldGun;
            ArcLEnd p50,v1000,seam1,weld1,fine,tWeldGun;    !直线焊接轨迹收尾
            MoveL pReady,v1000,fine,tWeldGun;
            WeldCircle_2;                               !调用圆弧轨迹焊接子程序
            WaitSyncTask sync2,all_tasks;               !等待达成同步点 2 交会
            MoveJ phome,v1000,fine,tool0;               !移动至 phome 点
            WaitSyncTask sync3,all_tasks;               !等待达成同步点 3 交会
        ENDPROC

        PROC WeldCircle_2( )                            !圆弧轨迹焊接子程序
```

```
        MoveL p60,v1000,fine,tWeldGun;
        ArcLStart p70,v1000,seam1,weld1,fine,tWeldGun;
        ArcC p80,p90,v1000,seam1,weld1,fine,tWeldGun;
        ArcCEnd p100,p70,v1000,seam1,weld1,fine,tWeldGun;
        MoveL p60,v1000,fine,tWeldGun;
    ENDPROC

    PROC rInitAll_2( )                              !初始化子程序
        AccSet 100,100;
        VelSet 100,3000;
        ConfL\On;
        ConfJ\On;
        MoveJ phome,v1000,fine,tool0;
        nCount2:=0;
        Reset DO1WeldOn;
        Reset DO2GasOn;
        Reset DO3FeedOn;
    ENDPROC

    PROC rCleanGun2( )                              !清枪子程序
        MoveJ phome,v1000,fine,tool0;
        MoveL Offs(pGunWash1,0,0,100),v1000,fine,tWeldGun;
        MoveL pGunWash1,v1000,fine,tWeldGun;
        Set DO5GunWash;
        WaitTime 2;
        Reset DO5GunWash;
        MoveL Offs(pGunWash1,0,0,100),v1000,finc,tWeldGun;
        MoveL Offs(pGunSpary1,0,0,100),v1000,fine,tWeldGun;
        MoveL pGunSpary1,v1000,fine,tWeldGun;
        Set DO6GunSpary;
        WaitTime 2;
        Reset DO6GunSpary;
        MoveL Offs(pGunSpary1,0,0,100),v1000,fine,tWeldGun;
        MoveL Offs(pFeedCut1,0,0,100),v1000,fine,tWeldGun;
        MoveL pFeedCut1,v1000,fine,tWeldGun;
        Set DO7FeedCut;
        WaitTime 2;
        Reset DO7FeedCut;
        MoveL Offs(pFeedCut1,0,0,100),v1000,fine,tWeldGun;
        MoveJ phome,v1000,fine,tool0;
        nCount2:=0;
    ENDPROC
ENDMODULE
```

153

！以下为变位机的任务程序 T_POS1:

```
MODULE MainModule
    PROC main( )
        Routine1;                                  !变位机作业程序
    ENDPROC

    PROC Routine1( )
        ActUnit STN1;                              !激活变位机单元
        MoveExtJ pHome,vrot50,fine;                !变位机旋转至 pHome
        MoveExtJ pWork,vrot50,fine;                !变位机旋转至 pWork
        WaitSyncTask sync1,all_tasks;              !等待达成同步点 1 交会
        WaitSyncTask sync2,all_tasks;              !等待达成同步点 2 交会
        WaitSyncTask sync3,all_tasks;              !等待达成同步点 3 交会
        MoveExtJ pHome,vrot50,fine;                !变位机旋转至 pHome
    ENDPROC
ENDMODULE
```

程序中运动语句的目标点位并无特别要求，读者可自行在工件上选择焊接轨迹进行示教，以及选择工作等待点、工作原点进行示教。

> 小贴士
>
> 1）在点位示教时需要先同步工具坐标到工作站后才有工具坐标切换成 tWeldGun。
>
> 2）示教点位时，最好把焊接小球设为 ArcShape_1 和 ArcShape_2 不可见，以便于快速捕捉目标点。
>
> 3）点位示教完成后仿真时，先把 Di2Start 和 Di7LoadingOK、Di1ArcEst 和 Di1ArcEst_2 4 个信号仿真为 1，然后再播放。

编写录入完程序并完成目标点示教后，可以修改其中一个工业机器人作业子程序的速度，使得两个工业机器人在同一交会点间执行作业子程序所花的时间有明显差异，观察已完成作业的工业机器人是否会等另一个工业机器人完成作业程序，然后两个工业机器人同时返回等待点。如观察到以上现象则说明工作站半联动正常，编写的程序达到预期效果；如未观察到以上现象，则需检查所编写的工业机器人程序是否有误，检查工业机器人控制系统的选项是否勾选有误，重复修改调试，直至达到半联动预期效果。

课后练习题

1. ABB 工业机器人 DSQC651 的 I/O 板输出的电压范围是_____V。

2. ABB 工业机器人 DSQC651 的 I/O 板模拟输出信号 AO1 的地址是_____，AO2 的地址是_____。

3. ABB 工业机器人在焊接时以一段圆弧收尾，焊接轨迹收尾时该使用＿＿＿＿＿＿指令。

4. ABB 工业机器人系统中各选项均可独立使用，相互间不存在依赖性。（　　　）

5. 将工业机器人 I/O 信号关联到弧焊系统控制参数，有利于实现工件的全自动焊接。（　　　）

6. ABB 工业机器人在弧焊时一定会需用到 633-4 选项，该说法是否正确。（　　　）

7. Weave_shape 摆动的形状参数是 0 表示不进行摆弧。（　　　）

8. 焊接不锈钢材质时，保护气可以使用 99.99% 的 Ar 或者 98%Ar+2%O_2 混合气。（　　　）

9. 以下不属于焊接指令的是（　　　）。
    A. ArcL　　　　　B. ArcCEnd　　　　C. Arc　　　　　D. ArcC

10. 以下指令当中，（　　　）指令是线性焊接起弧指令。
    A. ArcLStart　　　　　　　　B. ArcCEnd
    C. ArcJ　　　　　　　　　　D. ArcC

11. 以下选项中属于起弧收弧程序数据的是（　　　）。
    A. ArcLStart　　　　　　　　B. ArcCEnd
    C. ArcJ　　　　　　　　　　D. SeamData

12. 以下选项中对 634-1 MultiProcess 选项存在依赖性的是（　　　）。
    A. 604-1 MultiMove Coordinated　　B. 623-1 Multitasking
    C. 633-4 Arc with MultiProcess　　D. 709-1 DeviceNet

第6章

高速分拣应用案例

➲ **知识要点**

1. ABB IRB360 并联机器人结构组成
2. 传输带同步跟踪功能的作用
3. PickMaster 软件的作用

➲ **技能目标**

1. 掌握 IRB360 并联机器人的手动操纵方法
2. 掌握 DSQC377B 传输带跟踪模块的应用方法
3. 了解高速分拣工作站的硬件构成和工作原理
4. 传输带跟踪程序的编写和点位示教的方法
5. 培养构建复杂高速分拣应用场景仿真的能力

6.1 应用场景介绍

在第 1 章中介绍了工业机器人在不同行业领域的应用,本章将以一个具体案例学习工业机器人在食品、药品生产中的应用。本章介绍的案例为巧克力的高速分拣装盒,此案例描述的应用场景如图 6-1 所示。

图　6-1

一盒巧克力中包含不同样式的巧克力,每条传输带传送一个样式的巧克力,每个样式的巧克力由一台多关节并联机器人进行分拣装盒。为保证产品的洁净卫生,巧克力的生产过程中应尽可能地避免人手接触，因此不适合人工装盒。由于巧克力易融化、易碎，因此也不适合使用机械定位的分拣装置。基于以上生产条件限制，使用工业机器人高速分拣装置成了巧克力分拣装盒的最优方案。

如图 6-2 所示，如果产品在传输带宽度方向的位置是固定的，使用图 6-9 所示的传输带跟踪典型硬件配置即可。

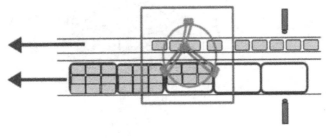

图　6-2

如图 6-3 所示，如果产品在传输带宽度方向的位置是随机的，则需搭配机器视觉系统使用。

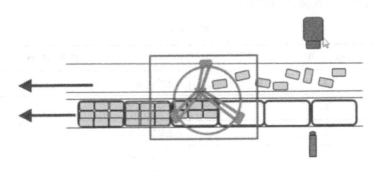

图　6-3

机器视觉系统与工业机器人控制系统的集成应用是一个很大的课题，无法通过一个章节讲述清楚，因此本章的案例假定工件在传输带宽度方向的位置是固定的，不需使用机器视觉系统与之配合。通过本章的学习，读者可以掌握如何应用图 6-9 所示的典型硬件配置，搭建一个具备传输带跟踪功能的高速分拣工作站。

6.2　知识储备

为了能够顺利完成本章高速分拣应用案例，需要掌握此案例所涉及的一些专业知识。对于此案例，需要关注的关键词有并联机器人、传输带跟踪、DSQC377B、传输带跟踪参数等。

6.2.1　IRB 360 并联机器人结构

IRB 360 并联机器人有三轴并联的，也有四轴并联的，图 6-4 为一台四轴并联机器人本体的结构和部件。

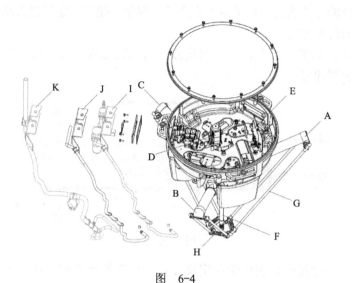

图　6-4

表 6-1 为图 6-4 中各部件的名称。

表　6-1

标　　号	部 件 说 明
A	上臂，轴 1
B	上臂，轴 2
C	上臂，轴 3
D	轴 4 电动机
E	SMB 单元
F	轴 4 的伸缩传动轴
G	平行臂
H	动板
I	真空工具组（可选部件）
J	中号承架组（可选部件）
K	大号承架组（可选部件）

　　IRB 360 并联机器人可分为标准型（Standard）、可冲洗型（Wash-down）、不锈钢可冲洗型（Wash-down stainless）三种细分类型，工作范围有 800mm、1300mm、1600mm 三种规格，载荷能力有 1kg、3kg、6kg、8kg 四种规格，在实际项目应用中应根据额定载荷、工作范围、IP 防护等级等参数选择最合适的工业机器人。

　　IRB 360 并联机器人与多轴串联机器人所使用的控制柜、示教器是相同的，控制器中所运行的工业机器人系统软件也是相同的。有多轴串联机器人使用经验的技术人员，经过简单的培训和练习，即可快速掌握多轴并联机器人的应用。

6.2.2　并联机器人手动操纵注意事项

本小节针对 IRB 360 并联机器人与多轴串联机器人手动操纵方法有差异的操作进行讲解，对于与多轴串联机器人操作方法相同的操作不再讲解。

1. 基坐标系的不同

由于并联机器人与串联机器人的常规安装方式不同，因此两种工业机器人基座坐标系的轴的方向也不相同。图 6-5 为串联机器人常规安装方式下的基坐标系。因此在选择基坐标系为手动线性运动的参考坐标系时，需要分辨清楚 IRB 360 并联机器人基坐标系的正确方向再操纵机器人，以避免发送撞机。另外，对于 IRB 360 并联机器人，世界坐标系与其基坐标系也不再重合，这一点也需要注意。

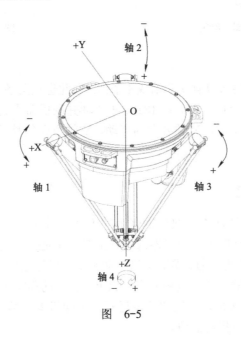

图　6-5

2. 转速计数器更新的操作方法不同

由于 IRB 360 机器人零刻度豁口的位置比较特殊，无法使用示教器摇杆将轴 1、轴 2、轴 3 移动到零刻度豁口对齐的位置。因此更新转速计数器操作时，需要在手动模式下按抱闸释放按钮，将需要校准的轴移动到零刻度豁口对齐的位置，并且一次只能将轴 1、轴 2、轴 3 中的一根轴移动到零刻度豁口对齐的位置，也就意味着一次只能校准其中的一根轴，当多根轴需要校准时，务必按轴 1～轴 3 的顺序进行。轴的零刻度豁口对齐后，更新转速计数器的方法与多轴串联机器人更新转速计数器的操作步骤相同。

图 6-6 为 IRB 360 机器人抱闸释放按钮的位置，图 6-7 为 IRB 360 机器人轴 1 的零刻度豁口对齐位置。

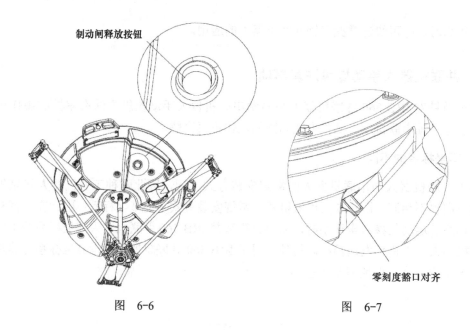

制动闸释放按钮

零刻度豁口对齐

图 6-6   图 6-7

3. 自由度的不同

由于 IRB 360 并联机器人只有 3 个轴或 4 个轴，因此也只具备 3 个自由度或 4 个自由度，而 6 轴串联机器人具备 6 个自由度。以 IRB 360 4 轴并联机器人为例进行说明，它具备的 4 个自由度分别为基坐标系下的：X 轴方向的移动、Y 轴方向的移动、Z 轴方向的移动、绕 Z 轴方向的旋转。

6.2.3 传输带跟踪功能

为了让工业机器人能够动态拾取传输带上的工件，需要为工业机器人配备传输带跟踪功能。配置了传输带跟踪功能的工业机器人，其拾取程序是基于动态的工件坐标系进行编程的。当工业机器人开始对工件进行跟踪时，这个动态工件坐标系跟随传输带进行同步的移动。在传输带跟踪中，工业机器人的工具中心点（TCP）会自动跟踪传输带上定义的工作对象。在跟踪传送带时，即使传送带以不同的速度运行，工业机器人能保证 TCP 与工作对象的相对速度为运动指令语句中所指定的值。

对于 ABB 工业机器人，要实现传输带跟踪功能，可以通过 DSQC 377B 单元或者 DSQC 2000 CTM-01 单元来实现。DSQB 377B 单元的外形如图 6-8 所示，图 6-9 为一个通过 DSQC 377B 单元实现传输带跟踪功能的工业机器人系统。

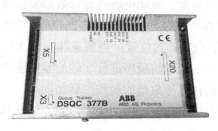

图 6-8

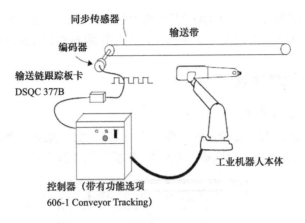

图　6-9

　　一个 DSQB 377B 单元只能跟踪 1 条传输带，而 DSQC 2000 CTM-01 单元，能够实现多传输带跟踪，一块 DSQC 2000 CTM-01 单元能够完成 12 块 DSQB 377B 单元和 4 块 DSQC 652 单元的功能。DSQC 2000 CTM-01 单元往往搭配 ABB 推出的拾料大师—— PickMaster 3 软件一起使用，适用于由多台工业机器人、多条传输带组成的复杂分拣应用场景。DSQC 2000 CTM-01 单元的外形如图 6-10 所示。图 6-11 为一个基于 PickMaster3 和 DSQC 2000 CTM-01 单元构建的多机多线的复杂分拣系统的连接示意图。PickMaster3 是 ABB 公司专门开发的用于构建复杂分拣系统的专用软件，它具有易于视觉系统的集成、支持多路传输带跟踪、向导式自动编程、易用高效等特点。

图　6-10

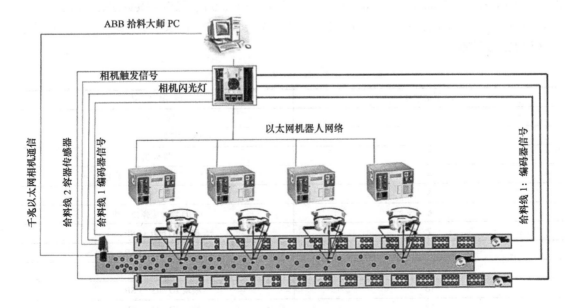

图　6-11

本章的案例，讲解的是基于 DSQC 377B 构建传输带跟踪功能。想要实现传输带跟踪功能，除了满足硬件条件外，还需要为工业机器人额外订购 606-1 Conveyor Tracking 选项。

6.2.4 传输带跟踪硬件接线

1. DSQC 377B 单元接线

图 6-12 所示 DSQC 377B 传输带跟踪板卡上有 X3、X5、X20 三个接口，下面分别对这 3 个接口的引脚作用进行说明，以明确 DSQC377B 板卡的接线方法。

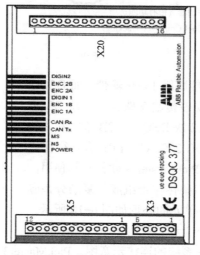

图 6-12

（1）X5 DeviceNet 总线接口　X5 接口各引脚的定义见表 6-2，接口的 1 号引脚在板卡的标签上用三角符号标示，如图 6-8 所示。引脚 1～引脚 5 用于连接 DeviceNet 通信线，引脚 6～引脚 12 接入短接片，用于设定 DSQC 377B 板卡的 DeviceNet 单元地址。图 6-13 为与 X5 对接的接插头。

表 6-2

X5 引脚编号	使 用 定 义
1	0V，黑色
2	CAN 信号线，Low，蓝色
3	屏蔽线
4	CAN 信号线，High，白色
5	24V，红色
6	GND 地址选择公共端
7	模块 ID bit0（LSB）
8	模块 ID bit1（LSB）
9	模块 ID bit2（LSB）
10	模块 ID bit3（LSB）
11	模块 ID bit4（LSB）
12	模块 ID bit5（LSB）

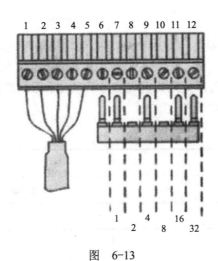

图 6-13

（2）X20 传输带跟踪接口　X20 接口主要用于同步开关和编码器的接入，X20 接口各引脚的定义见表 6-3，接口的 1 号引脚在板卡的标签上用三角符号标示，如图 6-8 所示。

表 6-3

X20 引脚编号	使 用 定 义
1	24V，接入
2	0V 接入
3	编码器 24V 电源接线端
4	编码器 0V 电源接线端
5	编码器 A 相 /B 相接线端
6	编码器 B 相 /A 相接线端
7	同步传感器 24V 接线端
8	同步传感器 0 V 接线端
9	同步传感器信号输出接线端
10～16	备用，未使用

（3）X3 接口　各引脚的定义见表 6-4，接口的 1 号引脚在板卡的标签上用三角符号标示，如图 6-8 所示。X3 接口的作用是提供一组 24V 电源备用，比如使用对射型光电传感器作为同步开关时，传感器的发射端电源引脚可接入 X3 接口。

表 6-4

X3 引脚编号	使 用 定 义
1	0V，备用
2	未使用
3	未使用
4	未使用
5	24V，备用

2. 编码器选型与接线

用于传输带跟踪的编码器,应选用 PNP 输出类型的增量式编码器,编码器分辨率的选择与编码器的安装形式有关,但不管何种安装形式,只需满足传输带表面运行 1m,编码器发出 1250～2500 脉冲数即可,更高的编码器分辨率对于跟踪精度并没有提高作用。编码器可根据表 6-5 给出的参数进行选型。

表 6-5

编码器参数	选 定 值
类型	增量型,具备 AB 相脉冲输出
输出形式	PNP,高电平输出
工作电压 / V	10～30
工作电流 / mA	50～100
分辨率 /(脉冲 /m)	1250～2500

编码器可按图 6-14 所示的接线方式接入 DSQC 377B 板卡中。当编码器的计数方向与传输带运行方向相反时,对调 A 相与 B 相的接线即可。

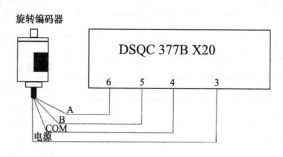

图 6-14

3. 同步开关选型与接线

为了确保能稳定感应到传输带上的工件,同步开关一般选用 PNP 输出型的三线光电传感器。同步开关可根据表 6-6 给出的参数进行选型。

表 6-6

传感器参数	选 定 值
类型	回归反射型、对射型,光电
输出形式	PNP,高电平输出
工作电压 / V	10～30
工作电流 / mA	10～100
常态	NO,常开

同步开关可按图 6-15 所示的接线方式接入 DSQC 377B 板卡中。

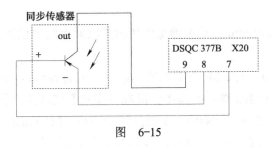

图　6-15

6.2.5　传输带跟踪信号与参数

1. CountsPerMeter 参数

跟踪参数 CountsPerMeter 设定的是当传输带表面刚好运动 1m 时，DSQC 377B 板卡实际采集到的计数脉冲个数。由于 DSQC 377B 板卡同时采集 A 相、B 相计数脉冲上下沿，所以此参数理论上等于传输带运动 1m 时编码器输出的计数脉冲个数的 4 倍。

在设定该参数时，一般是通过公式进行计算，所参照的公式如下：

$$CountsPermeter = \frac{(Position2 - Position1) \times default\_value}{measured\_meters}$$

该公式的使用方法如下：

1）将一个工件放在传输带初始端，然后手动起动传输带正方形运动，当工件经过同步开关一小段距离后，停止传输带的运动，将在传输带框架上标记工件当时所处的位置，并记录下此时示教器中 CNV1 的位置值，记为 Position1。在手动操纵界面，将机械单元切换为 CNV1 后可查看到 CNV1 的位置值，此时的示教器界面如图 6-16 所示。

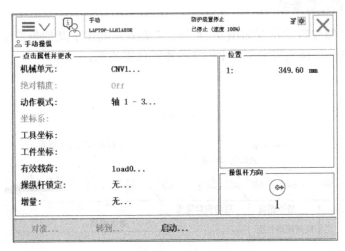

图　6-16

2）再次起动传输带，使得传输带运动超过 1m 的距离后再次停止传输带的运动，在传输带框架上标记此时工件所处的位置，并记录此时示教器中 CNV1 的位置值，记为 Position2。

3）用长度测量工具以 mm 为单位测量出传输带框架上两个位置标记的实际距离，记为 measured_meters。

4）读取示教器中 CountsPerMeter 参数的当前值，记为 default_value。

查看、编辑 CountsPerMetr 参数的操作步骤为：1 单击【ABB 菜单】—2 单击【控制面板】—3 单击【配置】—4 双击【DeviceNet Command】—5 双击【CountsPerMeter1】—6 查看或编辑 Value 的值。图 6-17 为 CountsPerMeter1 参数的配置界面。

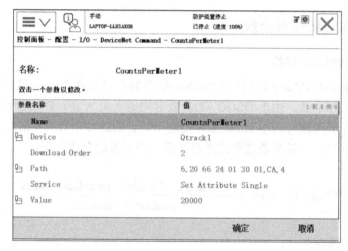

图 6-17

5）代入已知数值计算出结果，将结果四舍五入取整数，即为所求的 CountsPerMeter 参数值。

2. 其他传输带跟踪参数

其他传输带跟踪参数的示意如图 6-18 所示，表 6-7 列出了其他传输带跟踪参数的名称及说明，表 6-8 列出了传输带中工件 1～7 的跟踪状态说明。

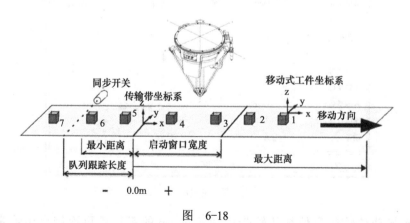

图 6-18

表　6-7

参 数 名 称	说　　　明
QueueTrckDist（队列跟踪长度），单位 m	表示的是同步传感器与输送链坐标系原点位置之间的距离，当同步传感器距离工业机器人工作范围起始边界较远时，可以设置此参数使得传输带原点位于机器人工作范围边界附近。该参数系统默认值为 0，即传输带原点与同步传感器位置重合，位于该区域内的工件已进入被跟踪状态
StartWinWidth（启动窗口宽度），单位 m	划定工业机器人可启动工艺处理的区域，位于该区域内的工件可被工业机器人连接并进行工艺处理
SyncSeparation（同步间隔距离），单位 m	连续的两个物料之间的最小间隔，间隔若小于此值，则只处理前一个物料，后一个物料不被处理，即只有效触发了一次同步信号
Minimum distance（最小距离），单位 mm	输送链运行反方向，工业机器人可执行跟踪距离的最小距离，主要用于当输送链反向运行时，工业机器人可跟踪的距离限值
Maximum distance（最大距离），单位 mm	输送链运行方向，工业机器人可执行跟踪处理的最远距离，合理设置此值，可避免工业机器人在跟踪输送链运动过程中超过极限位置
Adjustment speed（调节速度），单位 mm/s	指的是工业机器人跟踪输送时所适用的速度大小，其值应设置为输送链运行速度值的 1 ~ 1.3 倍之间

表　6-8

工 件 名 称	跟踪状态说明
1	已被连接，机器人正对其进行工艺处理
2	因为工件 2 在未被连接之前其已经通过了启动窗口，所以不会再被连接和处理。处理完当前工件 1 后，工业机器人连接下一个位于启动窗口中的工件
3、4	正位于启动窗口中，当工件 1 被处理完成后，工业机器人连接下一个位于启动窗口中的工件，若连接时工件 3 仍在启动窗口中，则工件 3 被立即连接和处理
5、6	正位于跟踪队列窗口中，已通过同步传感器，已进入跟踪队列，尚未进入启动窗口中，虽然被跟踪但暂时不会被连接和处理
7	尚未通过同步传感器，还未被跟踪

QueueTrckDist、StarWinWidth、SyncSeparation 三个传输带跟踪参数与编辑 CountsPerMeter 参数的操作步骤相同，步骤为：1 单击【ABB 菜单】—2 单击【控制面板】—3 单击【配置】—4 双击【DeviceNet Command】—5 双击需要编辑的跟踪参数—6 修改需要改动的参数值。

修改 Adjustment speed、Minimum distance、Maximum distance 三个传输带跟踪参数（图 6-19 为 adjustment speed、mindist、maxdist）的操作步骤为：1 单击【ABB 菜单】—2 单击【控制面板】—3 单击【配置】—4 单击【主题】—5 单击【Process】—6 单击【Conveyor systems】—7 单击【显示全部】—8 单击【CNV1】—9 单击【编辑】—10 修改需要改动的参数。图 6-19 为以上三个传输带跟踪参数的编辑界面。

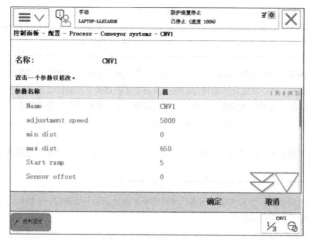

图 6-19

3. 传输带跟踪信号

添加了传输带跟踪选项的工业机器人系统，系统中会默认创建很多与传输带跟踪相关的信号，这些传输带跟踪信号名称都以 c1 开头，如图 6-20 所示。如果配置了两路传输带跟踪，则会再默认创建一组以 c2 开头的传输带跟踪信号。

类型	Name	Type of Signal	Assigned to Device
Access Level	AUTO2	Digital Input	PANEL
Cross Connection	c1CntFromEnc	Group Input	Qtrack1
Device Trust Level	c1CntToEnc	Group Output	Qtrack1
DeviceNet Command	c1CntToEncStr	Digital Output	Qtrack1
DeviceNet Device	c1Connected	Digital Input	Qtrack1
DeviceNet Internal Device	c1DirOfTravel	Digital Input	Qtrack1
EtherNet/IP Command	c1DReady	Digital Input	Qtrack1
EtherNet/IP Device	c1DropWObj	Digital Output	Qtrack1
Industrial Network	c1DTimestamp	Group Input	Qtrack1
Route	c1EncAFautlt	Digital Input	Qtrack1
Signal	c1EncBFautlt	Digital Input	Qtrack1
Signal Safe Level	c1EncSelect	Digital Output	Qtrack1
System Input	c1EncSelected	Digital Input	Qtrack1
System Output	c1ForceJob	Digital Output	Qtrack1
	c1NewObjStrobe	Digital Input	Qtrack1
	c1NullSpeed	Digital Input	Qtrack1
	c1ObjectsInQ	Group Input	Qtrack1
	c1PassStw	Digital Input	Qtrack1
	c1PosInJobQ	Digital Output	Qtrack1
	c1Position	Analog Input	Qtrack1
	c1PowerUpStatus	Digital Input	Qtrack1
	c1Rem1PObj	Digital Output	Qtrack1
	c1RemAllPObj	Digital Output	Qtrack1
	c1ScaleEncPuls	Digital Input	Qtrack1
	c1SimMode	Digital Output	Qtrack1
	c1Simulating	Digital Input	Qtrack1
	c1SoftCheckSig	Digital Output	Qtrack1
	c1SoftSyncSig	Digital Output	Qtrack1
	c1Speed	Analog Input	Qtrack1
	c1WaitWObj	Digital Output	Qtrack1
	CH1	Digital Input	PANEL

图 6-20

这些跟踪信号的定义可以通过查询 ABB 工业机器人说明书光盘中的传输带跟踪应用手册（Application manual conveyor tracking）进行了解。表 6-9 中摘取了一些常用的传输带跟踪信号进行说明。

表　6-9

信 号 名 称	跟踪状态说明
c1Connected	数字输入信号，表示当前已建立连接
c1Position	模式输入，当前被连接工件在输送链上面的位置信息
c1Speed	模拟输入，当前输送链运行速度
c1RemAllPObj	数字输出信号，触发一次则剔除当前队列中所有的工件
c1DropWObj	数字输出信号，断开当前连接，等同于指令 DropWobj WbojCnv1;
c1Rem1PObj	数字输出信号，每触发一次则剔除当前队列中排在首位置的工件
c1PassedStWin	数字输入信号，工件未被连接时已运动出启动窗口，则该信号被触发一次，表示该工件已丢失
c1ObjectsInQ	信号组输入，表示当前队列中工件的个数，这些工件已通过同步传感器但未运动出启动窗口

6.2.6　传输带基坐标系校准

输送链基坐标系校准采用4点校准法，在校准之前，使产品通过同步传感器且被连接上，然后手动移动工业机器人至产品所在位置，重复执行 4 次，根据获得的 4 个基准点，从而计算出当前输送链的基坐标，并且能够随输送链运动而运动，然后工业机器人运行一段代码，使产品通过传感器时能够被连接上，校准传输带基坐标系用的辅助代码如下：

```
PROC routine1()
        actunit CNV1;                ! 激活传输带
        pulsedo c1remallpobj;        ! 移除所有被追踪的工件
        dropwobj wobj_cnv1;          ! 断开与传输带坐标系的连接
        waittime 0.2;                ! 延时 0.2s
        waitwobj wobj_cnv1;          ! 等待连接上传输带工件坐标系
        stop;                        ! 停止程序运行
ENDPROC
```

手动运行该段程序代码，程序指针会一直停留在 waitwobj 这一行指令语句上，此时放置一个产品在传输带起始段，工件经过通过开关一段距离后关闭传输带，此时程序指针停留在 stop 那一行指令语句上。在示教器上依次单击 1【ABB 菜单】—2【校准】—3【CNV1】—4【基座】—5【4 点】，进入图 6-21 所示的传输带基坐标系 4 点校准法界面。选择【点 1】，然后单击【修改位置】，记录当前传输带工件坐标系的位置，然后重复上述方法，使产品经过同步开关与第一次不相同的距离，然后分别记录其余点位，最后单击【确定】，即可完成传输带基坐标系的校准。

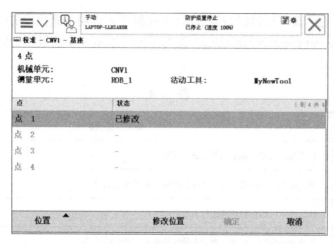

图　6-21

6.2.7　传输带跟踪 RAPID 编程

本小节介绍在传输带跟踪程序编写中需要用到的程序数据、指令和注意事项等知识。

1. waitwobj 指令

waitwobj 指令的作用是等待工作对象连接到传输带的工件坐标系，该指令所等待的工件坐标系的 ufprog 参数的值为 False，即该工件坐标系会随着指定的机械单元的运动而运动。

该指令的语法格式为：

waitwobj wobj [\reldist] [\maxtime] [\timeflag];

式中，wobj 是 work object 的简写，指的是所等待的工件坐标系，数据类型为 wobjdata；方括号中的内容为可选功能，[\reldist] 表示相对距离，数据类型为 num，作用是当工件进入传输带启动窗口与传输带工件坐标系相连接，并经过 [\reldist] 所指定的距离后才往后执行；[\maxtime] 表示最大等待时间，数据类型为 num，如果设定了该可选参数的值，waitwobj 在 [\maxtime] 指定的时间内未等待到指定的工件坐标系，则程序执行报错，进入错误处理器处理。[\timeflag] 表示的是超时标志，数据类型为 bool, waitwobj 在 [\maxtime] 指定的时间内未等待到指定的工件坐标系，则将超时标志的值变为 true，程序继续往后执行。

例 1: waitwObj wobj_cnv1;

一直等待，直至有工件连接到传输带工件坐标系 wobj_cnv1。

例 2: waitwobj wobj_cnv1\relDist:=500.0;

等待工件连接到传输带工件坐标系 wobj_cnv1，并进入启动窗口 500mm。

例 3: waitwobj wobj_on_cnv1\maxTime:=0.5\timeflag:=flag1;

等待工件连接到传输带工件坐标系 wobj_cnv1 上，如果 0.5s 内没有等到，则将超时标志 flag1 的值变为 True，然后程序继续往后执行。

2. dropwobj 指令

dropwobj 指令的作用是断开当前工件与传输带坐标系的连接，让程序为连接下一个工件做好准备。

该指令的语法格式为：

dropwobj wobj;

式中，wobj 是 work object 的简写，指的是需要断开连接的传输带坐标系，数据类型为 wobjdata。在 dropwobj 指令之前，距离最近的一条运动指令的编程坐标系应为传输带坐标系之外的非可活动的坐标系，比如 wobj0。

例：movel p1, v1000, z10, tool1, \wobj:=wobj_ cnv1;

　　movel p2, v1000, fine, tool1, \wobj:=wobj0;

　　dropwobj wobj_on_cnv1;

　　movel p3, v1000, z10, tool1, \wobj:=wobj0;

当工业机器人 TCP 运动至 wobj0 坐标系中 p2 点的位置后，断开与传输带工件坐标系 wobj_cnv1 的连接。

3. stoppointdata 数据类型

为了让真空吸盘能够稳定拾取产品，一般会让吸盘在产品拾取点短暂停留，当吸盘真空度稳定后再移动被拾取工件。在拾取连接到传输带坐标系的产品时，如何让吸盘与被拾取产品保持短暂的相对静止成了需要思考的问题，此时使用 waittime 指令，产品会偏离拾取点，使用动作触发指令 triggl 也只能保证在准确的时间打开真空吸盘的开关。

在拾取移动中的产品时要做到吸盘与产品保持相对静止，可以使用 movel 指令的可选变量 [\inpos]，该变量的数据类型为 stoppointdata（停止点数据），它用于规定停止点中机械臂 TCP 位置的收敛准则，停止点数据取代了 Zone 参数中的指定区域。

可通过 stoppointdata 定义三种类型的停止点：

1）将就位类停止点定义为占预定义停止点 fine 收敛标准（位置和速度）的百分比。

2）停止时间类停止点，始终在停止点等待给定的时间。

3）跟随时间类停止点，其用于通过传送带来协调工业机器人臂运动。

当将运动指令 movel 的停止点定义为第二类停止点时，即可实现吸盘与移动中的产品保持指定时间的相对静止的效果。ABB 工业机器人控制系统中预定义了 3 个停止时间类停止点的数据 stoptime0_5、stoptime1_0、stoptime1_5，它们的停止时间分别为 0.5s、1s、1.5s，如果以上预定义的停止时间未能满足需求，读者亦可自行定义停止点数据。

例：movel p_pick,v5000,fine,mynewtool\wobj:=wobj_cnv1;

　　set do1_gripper;

　　movel p_pick,v5000,z10\inpos:=stoptime0_5,mynewtool\wobj:=wobj_cnv1;

工业机器人工具 mynewtool 的 TCP 移动到拾取点 p_pick 后，置位吸盘开关信号 do1_gripper，然后保持吸盘与产品相对静止 0.5s。

4. 传输带初始化

在开始新的工作循环前需要对工作环境进行初始化处理，对于传输带跟踪装置可以使用以下程序代码对其进行初始化处理：

actunit cnv1;　　　　　　　　　　　　!激活传输带 cnv1

movej p_home,v5000,z20,mynewtool;　　!移动到 wobj0 坐标系下的 p_home 点

```
reset do1_gripper;                    ！复位吸盘开关信号
gripLoad load0;                       ！加载空载载荷数据
pulsedo c1remallpobj;                 ！移除跟踪队列中的所有对象
dropwobj wobj_cnv1;                   ！断开与 cnv1 的连接
```

5. 注意事项

1）在传输带跟踪的工业机器人系统中，示教目标点位时，务必确认已将传输带 cnv1 激活。

2）在示教目标点位时，务必选择正确的工具数据、工件数据进行示教。

3）在连接到传输带工件坐标系期间不能使用 movej 指令。

6.3 工作站要求描述

完成知识储备的学习后，需要构建一个虚拟工作站对 6.1 节中介绍的巧克力分拣装盒场景进行仿真。以下为实际生产现场对高速分拣装置的一些具体要求，构建的虚拟工作站也应该尽可能满足这些要求。

1. 高速分拣装置的可靠性

1）高速分拣装置需要稳定可靠，不会出现产品漏装的情况。

2）在缺少包装盒的情况下，不会拾取产品，避免产品放置在盒子以外。

3）不管巧克力输送线的巧克力流量如何，都能保证巧克力输送线不会溢出。

2. 高速分拣装置的效率

1）在生产材料输送线流量充足的情况下，拾取效率不低于 120 件 /min。

2）可通过工业机器人程序设定好的参数调整高速分拣装置的拾取效率。

3. 高速分拣装置的安全性

1）生产人员的安全有保障，安全事故防护措施防范到位。

2）产品的安全有保障，不会给产品带来有毒害物质和细菌病毒的污染。

3）生产设备的安全有保障，生产设备动作逻辑完备，不会相互干涉碰撞。

4. 高速分拣装置的柔性

1）能够适用于多款产品，并能够快速完成生产型号的切换。

2）产品尺寸、重量适应范围广，能满足产品多样化的生产需求。

3）具备功能拓展的可能性，便于升级改造。

6.4 工作站控制流程

本章的工业机器人高速分拣工作站主要由 4 台 IRB 360 机器人、4 条巧克力传输线、1 条巧克力盒传输线构成。每条巧克力线上有 1 个跟踪同步感应器和 1 个末端传感器，巧克力盒传输线上有 4 个工位，每个工位上有 1 个盒子到位感应器。工作站的总体控制流程如图 6-22 所示。

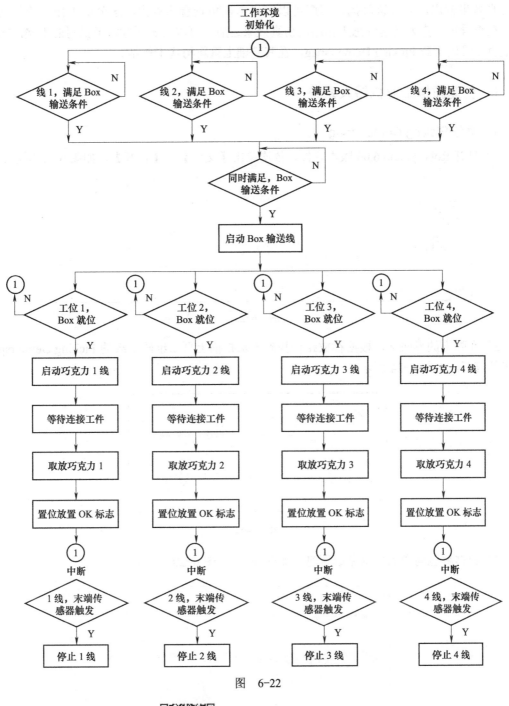

图 6-22

6.5 工作站重构

扫描上面的二维码，下载巧克力高速分拣工作站 .rspag，它是一个已经按照图 6-22 所示的控制流程创建的虚拟工作站打包文件；工作站仿真效果 .exe 是巧克力高速分拣工作站的仿真效果输出，运行该可执行程序可以以自由视角查看巧克力高速分拣工作站的仿真效果。在查看过巧克力高速分拣工作站的仿真效果之后，可以尝试后续章节描写的步骤，在扫描上页二维码下载 Picking Demo.rspag，在其基础上重新构建工作站。

6.5.1 创建虚拟工业机器人系统

1. 解包 Picking Demo.rspag

1）打开 RobotStudio 6.06 版本软件，依次单击【文件】—【打开】，如图 6-23 所示。

图 6-23

2）在弹出的界面中，根据存放路径找到本章扫描上页二维码下载的 Picking Demo.rspag 并将其打开，如图 6-24 所示。

图 6-24

3）根据解包向导的指示完成解包，如图 6-25 ～图 6-29 所示。

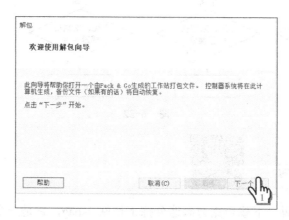

图 6-25

解包

选择打包文件

选择要解包的Pack&Go文件
C:\Users\huang arno\Desktop\章节附件资源\第6章附件资源\巧克力   浏览…...

目标文件夹：
C:\Users\huang arno\Documents\RobotStudio   浏览…...

☐ 解包到解决方案

⚠ 请确保 Pack & Go 来自可靠来源

| 帮助 | | 取消(C) | < 后退 | 下一个 |

图　6-26

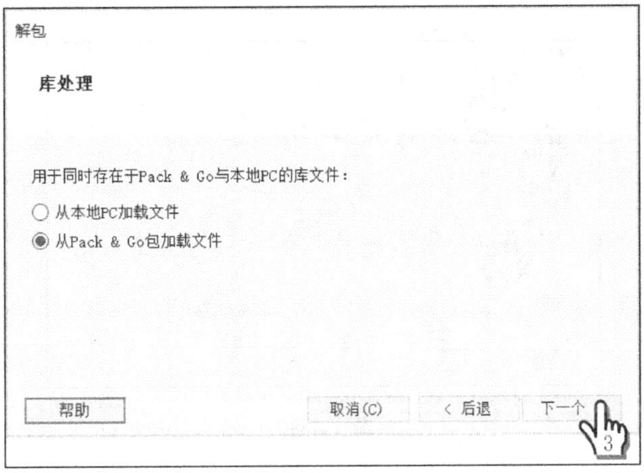

解包

库处理

用于同时存在于Pack & Go与本地PC的库文件：
○ 从本地PC加载文件
◉ 从Pack & Go包加载文件

| 帮助 | | 取消(C) | < 后退 | 下一个 |

图　6-27

解包

解包已准备就绪
　确认以下的设置，然后点击"完成"解包和打开工作站

解包的文件：
　　C:\Users\huang arno\Desktop\章节附件资源\第6章附件资源\Picking
Demo.rspag
目标：
　　C:\Users\huang arno\Documents\RobotStudio
用于同时存在于Pack && Go与本地PC的库文件：
　　从Pack && Go包加载文件

| 帮助 | | 取消(C) | < 后退 | 完成 |

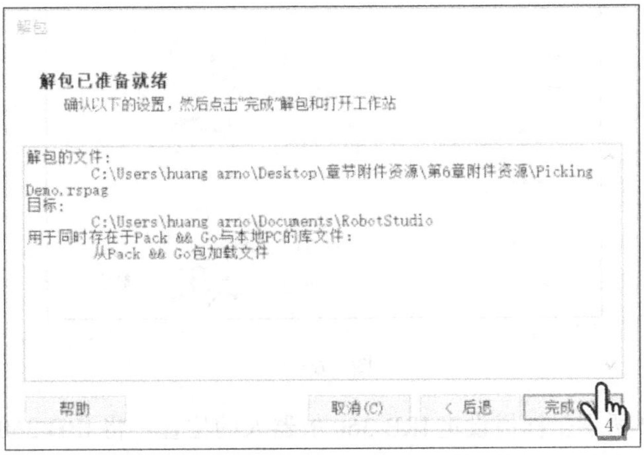

图　6-28

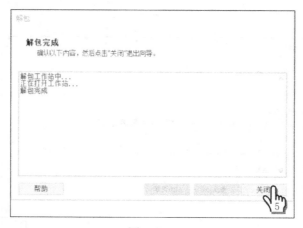

图 6-29

2. 重新创建工业机器人控制系统

1）导入工业机器人本体，单击【基本】—【ABB 模型库】，选择 IRB 360，如图 6-30 所示。

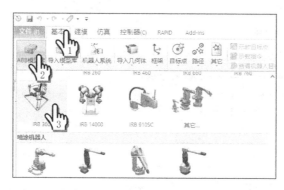

图 6-30

2）按照图 6-31 所示，选择 IRB 360 机器人的具体参数，然后单击【确定】。

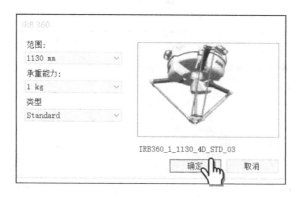

图 6-31

3）按照图 6-32 所示坐标值设定 IRB 360 机器人的位置，将 IRB 360 机器人放置到工位 1 的钢架上，设定好位置后，IRB 360 机器人与钢架的位置如图 6-33 所示。

图 6-32   图 6-33

4) 将吸盘工具 MyNewTool_1 安装到工位 1 的 IRB 360 机器人上, 在弹出的【更新位置】界面上选择不更新位置, 如图 6-34 所示。

图 6-34

5) 在弹出的【Tooldata 已存在】界面中单击【是】, 如图 6-35 所示。

图 6-35

6) 从布局创建系统, 单击【基本】—【机器人系统】—【从布局 ...】, 如图 6-36 所示, 弹出【从布局创建系统】界面。

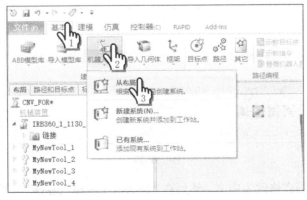

图 6-36

7）在【从布局创建系统】界面中，将系统名称命名为 cnv_track，RobotWare 版本选择 6.06，然后单击【下一个】，如图 6-37 所示。

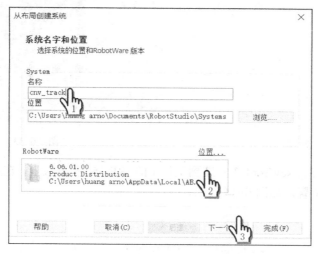

图 6-37

8）选择已设定好位置的 IRB 360 机器人为系统的机械装置，单击【下一个】，如图 6-38 所示。

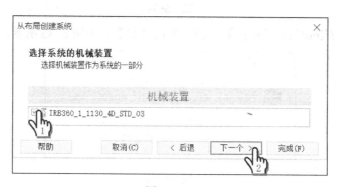

图 6-38

9）单击【选项...】命令，如图 6-39 所示，弹出【更改选项】界面。

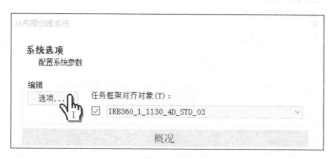

图 6-39

10）将系统默认语言修改为中文，然后在"Motion Coordination"选项类别中勾选"606-1 Conveyor Tracking"，如图 6-40 所示。

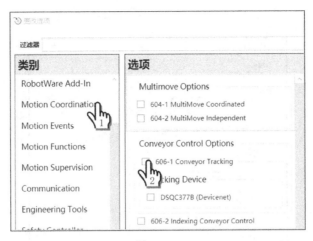

图 6-40

11）在弹出的【依赖性】界面选择相关性链，选择【606-1Conveyor Tracking】和 709-1 【DeviceNet Master / Slave】，如图 6-41 所示。

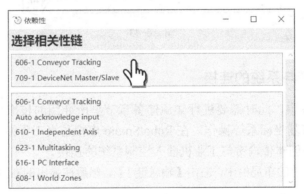

图 6-41

12）确认所勾选的选项与图 6-42 所示一致，单击【确定】。

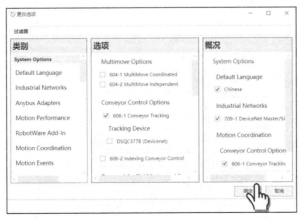

图 6-42

13）在【从布局创建系统】界面中单击【完成】，完成工位 1 上工业机器人系统的创建，如图 6-43 所示。

图　6-43

6.5.2　创建输送链与系统的连接

在真实应用场景中，此时需要进行知识储备章节里所介绍的校准传输带方向、设定跟踪参数、校准传输带基坐标系等操作。在 RobotStudio 虚拟仿真工作站中，不需要进行这些操作，取而代之的是创建传输带与工业机器人控制系统的连接。

1）在【基本】菜单的布局栏中，右击【输送链 1】，然后在弹出的右键快捷菜单中单击【创建连接】，如图 6-44 所示。

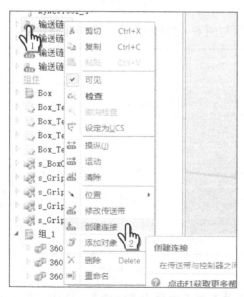

图　6-44

2）在弹出的【创建连接】界面中，输入偏移值 600、启动窗口宽度 650、最小距离 0、最大距离 650，然后单击【创建】，如图 6-45 所示。

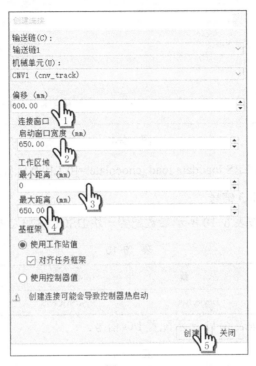

图　6-45

小贴士 　　【创建连接】界面中的各项参数，与 6.2.5 小节的图 6-18 中所描述的传输带跟踪参数是一致的。在真实系统中，需要进行校准传输带运行方向、校准传输带基坐标系、设定各项传输带跟踪参数等操作，在虚拟系统中，仅需在【创建连接】界面中设定好所列出的跟踪参数即可。

6.5.3　创建 I/O 信号与程序数据

1. 创建重要程序数据

1）同步 wobjdata、tooldata 数据到 RAPID，在【基本】菜单下单击【同步】，选择【同步到 RAPID…】，如图 6-46 所示，然后按图 6-47 所示选择同步对象，单击【确定】。

图　6-46

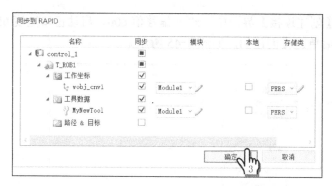

图 6-47

2）创建载荷数据：PERS loaddata load_chocolate:=[0.1,[0,0,5],[1,0,0,0],0,0,0];

2. 创建 I/O 单元与 I/O 信号

1）创建 I/O 单元。按表 6-10 所示参数配置一块 DSQC652 I/O 板卡。

表 6-10

I/O 单元名称	总 线	型 号	单元地址
d652	DeviceNet	DSQC652	10

2）创建 I/O 信号。按表 6-11 所示配置 I/O 信号。

表 6-11

信号名称	信号类型	所属单元	信号地址
di1_BoxInpos	Digital Input	d652	0
di2_BoxRunning	Digital Input	d652	1
di3_VacuumeOK	Digital Input	d652	2
do1_Gripper	Digital output	d652	0
do2_NewBox	Digital output	d652	1
do3_chocCNV	Digital output	d652	2

各信号用途见表 6-12。

表 6-12

序 号	信号名称	信号用途
1	di1_BoxInpos	检测盒子是否到达工位，值 =1 时表示盒子就绪
2	di2_BoxRunning	检测盒子传输带是否正在运动，值 =1 时表示正在运动
3	di3_VacuumeOK	检测真空度是否达标，值 =1 时吸附牢固
4	do1_Gripper	真空吸盘驱动信号，值 =1 时表示开启吸盘真空
5	do2_NewBox	新盒子请求信号，所有工位都请求时传出新盒子
6	do3_chocCNV	巧克力传输带驱动信号，值 =1 时将传输带停止

　　配置 I/O 单元、配置 I/O 信号的具体方法不再详细描述，如对配置方法有疑惑请
参考本书系列书籍的姐妹篇《ABB 工业机器人基础操作与编程》（ISBN 978-7-111-
62181-2）。另外请注意各个信号名称中字母的大小写，务必保持与表格中一致。

6.5.4　编制录入程序

　　I/O 创建完成后，即可将以下程序录入到工位 1 的工业机器人虚拟控制器中。以下程序
已附有注释说明，请将以下程序读懂，再录入到新重构的工作站控制器中，其余工位的工业
机器人程序与本工位的工业机器人程序相同，仅指令语句中的目标点位坐标值不同。读者也
可读懂此程序后，自行编写程序。

```
MODULE Module1
    CONST robtarget p_home:=[[541.76,19.98,66.73],[0,0,1,0],[0,0,0,0],
        [9E+09,9E+09,9E+09,9E+09,9E+09,81.5099]];
    CONST robtarget p_pick:=[[0.01,0.00,15.00],[0,0,1,0],[0,0,0,0],
        [9E+09,9E+09,9E+09,9E+09,9E+09,81.5099]];
    CONST robtarget p_place:=[[870.97,-49.48,13.11],[0,0,1,0],[0,0,0,0],
        [9E+09,9E+09,9E+09,9E+09,9E+09,81.5099]];
    PERS tooldata MyNewTool:=[TRUE,[[0.006374334,-0.057078371,66.8096],
        [0.707106781,0,0,0.707106781]],[1,[0,0,-1],[1,0,0,0],0,0,0]];

    PERS wobjdata wobj_cnv1:=[FALSE,FALSE,"CNV1",[[0,0,0],[1,0,0,0]],
        [[0,0,0],[1,0,0,0]]];
    PERS loaddata load_chocolate:=[0.1,[0,0,0.001],[1,0,0,0],0,0,0];
    PERS bool F_BoxReady:=TRUE;
    VAR intnum intol1;
    !*********************************************************
    ! 声明 3 个位置数据常量 p_home、p_pick、p_place
    ! 声明 1 个工具数据可变量 MyNewTool，吸盘工具
    ! 声明 1 个工件数据可变量 wobj_cnv1，传输带工件坐标系
    ! 声明 1 个载荷数据可变量 load_chocolate，巧克力载荷
    ! 声明 1 个布尔数据可变量 F_BoxReady，巧克力盒子就绪标志
    ! 声明 1 个中断标识变量 intol1
    !*********************************************************

    PROC main()            ! 主程序 main
        r_Reset;           ! 调用初始化程序
        WHILE TRUE DO      ! 通过 WHILE 死循环进行初始化程序隔离
            r_Process;     ! 调用过程处理程序
        ENDWHILE           !WHILE 循环终止标志
    ENDPROC                ! 主程序 main 结束标志
```

```
    PROC r_Reset()                              ！初始化程序
        IDelete intol1;                         ！删除中断 intol1
        CONNECT intol1 WITH T_Flage;            ！连接中断 intol1 到 T_Flage
        ISignalDI di2_BoxRunning,0,intol1;      ！下达 di2_BoxRunning 触发中断
        ActUnit CNV1;                           ！激活传输带 CNV1
        F_BoxReady:=TRUE;                       ！巧克力盒就位标志置位
        VelSet 50,6000;                         ！设定速度
        MoveJ p_home,vmax,z20,MyNewTool;        ！移动到 wobj0 坐标系下的工作原点
        Reset do1_gripper;                      ！关闭吸盘
        GripLoad load0;                         ！加载空载数据
        DropWObj wobj_cnv1;                     ！断开与 wobj_cnv1 的连接
        Set do3_chocCNV;                        ！停止巧克力输送线运行
        WHILE di1_BoxInpos=0 DO                 ！在巧克力盒子到达工位前
            PulseDO do2_NewBox;                 ！重复发送输送巧克力盒子信号
            WaitTime 0.5;                       ！时间间隔 0.5s
        ENDWHILE                                ！WHILE 循环终止
        Reset do3_chocCNV;                      ！启动巧克力输送线
    ENDPROC

    PROC r_Process()                            ！工作流处理程序
        WaitWObj wobj_cnv1\RelDist:=300;        ！等待连接 wobj_cnv1, 相对 300mm
        WaitUntil F_BoxReady;                   ！等待至 F_BoxReady=TRUE
        waitdi di1_BoxInpos,1;                  ！等待至 di1_BoxInpos=1
        MoveL Offs(p_pick,0,0,50),vmax,z20,mynewtool\WObj:=wobj_cnv1;
        ！线性移动至拾取点上方 50mm
        MoveL p_pick,vmax,fine,mynewtool\WObj:=wobj_cnv1;
        ！线性移动至拾取点
        Set do1_gripper;                        ！开启真空吸盘
        MoveL p_pick,vmax,z10\Inpos:=stoptime0_5,MyNewTool\WObj:=wobj_cnv1;
        ！保持相对静止 0.5s
        GripLoad load_chocolate;                ！加载巧克力载荷数据
        MoveL Offs(p_pick,0,0,50),vmax,z20,mynewtool\WObj:=wobj_cnv1;
        ！线性移动至放置拾取点正上方 50mm

!***********pick chocolate***************!
        MoveL Offs(p_place,0,0,50),vmax,fine,mynewtool\WObj:=wobj0;
        ！线性运动至放置点正上方 50mm
        DropWObj wobj_cnv1;                     ！断开 wobj_cnv1 的连接
        MoveL p_place,vmax,fine,mynewtool\WObj:=wobj0;
        ！线性运动至放置点
        Reset do1_gripper;                      ！关闭真空吸盘
        GripLoad load0;                         ！加载空载数据
        WaitTime 0.1;                           ！延时 0.1s
```

```
        MoveL  Offs(p_place,0,0,50),vmax,z20,mynewtool\WObj:=wobj0;
        !线性运动至放置点正上方 50mm
        PulseDO  do2_NewBox;                    !发送新盒子请求信号脉冲
        F_BoxReady:=FALSE;                      !盒子就位标示复位为 FALSE
    !**********place chocolate**************!
      ENDPROC


      TRAP T_Flage                             ! 中断处理程序
        F_BoxReady:=TRUE;                      !盒子就位标示置位为 TRUE
      ENDTRAP


      PROC r_PointTeach()                      ! 点位示教程序
        ActUnit CNV1;                          !激活传输带单元
        PulseDO  c1RemAllPObj;                 !清除跟踪队列数据
        DropWObj wobj_cnv1;                    !断开 wobj_cnv1 的连接
        WaitTime  0.2;                         !延时 0.2s
        WaitWObj wobj_cnv1\RelDist:=300;       !等待连接至 wobj_cnv1，相对 300mm
        Set do3_chocCNV;                       !停止巧克力传输带
        Movel p_home,v5,z20,MyNewTool;
        !超低速线性运动至工作原点，用于示教 p_home
        MoveL  p_pick,v5,fine,mynewtool\WObj:=wobj_cnv1;
        !超低速运动至拾取点，用于示教 p_pick
        MoveL p_place,v5,fine,mynewtool\WObj:=wobj0;
        ! 超低速运动至放置点，用于示教 p_place
        ENDPROC
    ENDMODULE
```

6.5.5　创建其余工位系统

1. 备份工位 1 的系统

1）依次单击【控制器】—【备份】，如图 6-48 所示。

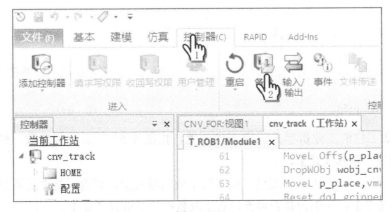

图　6-48

2）在弹出【cnv_track 创建备份】界面中，指定备份文件夹的名称和存储路径，然后单击【确定】，如图 6-49 所示。

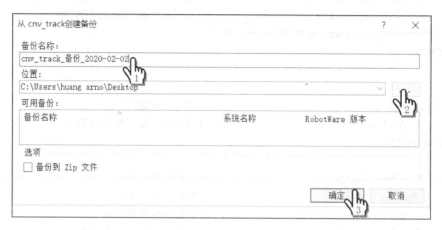

图 6-49

3）依次单击【基本】—【机器人系统】—【新建系统（N）...】，如图 6-50 所示。

4）在弹出的【添加新系统】界面中，指定控制器名称为 cnv_track_two，RobotWare 版本选择 6.06，勾选【从备份创建】，并选择第 2）步创建的备份文件夹，然后单击【确定】，如图 6-51 所示。

图 6-50　　　　　　　　　　图 6-51

5）将第 2 工位的工业机器人设定正确位置，按图 6-52 所示设置参数，弹出询问是否移动任务框架时，选择【是】。

6）将 MyNewTool_2 工具安装到工位 2 的工业机器人上，如询问是否更新 MyNewTool_2 位置，则选择【否】；如询问是否替换原有工具数据，则选择【是】。

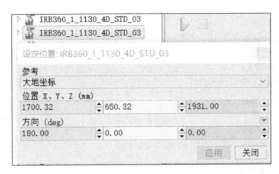

图 6-52

2. 创建工位 3、工位 4 的系统

1）创建工位 3、工位 4 的系统时，参照创建工位 2 系统的操作方法，使用从备份创建系统的方法创建。

2）工位 3 的系统名称务必命名为 cnv_track_three，工位 3 工业机器人的位置设置如图 6-53 所示。

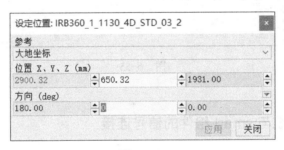

图 6-53

3）工位 4 的系统务必命名为 cnv_track_four，工位 4 的机器人位置设置如图 6-54 所示。

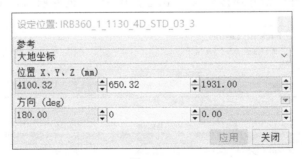

图 6-54

6.5.6 创建其余工位的传输链连接

参照 6.5.2 为输送链 1 创建连接的方法，分别将输送链 2 连接到 cnv_track_two，输送链 3 连接到 cnv_track_three，输送链 4 连接到 cnv_track_four。其余各输送链的连接参数与输送链 1 相同，如图 6-55 所示。

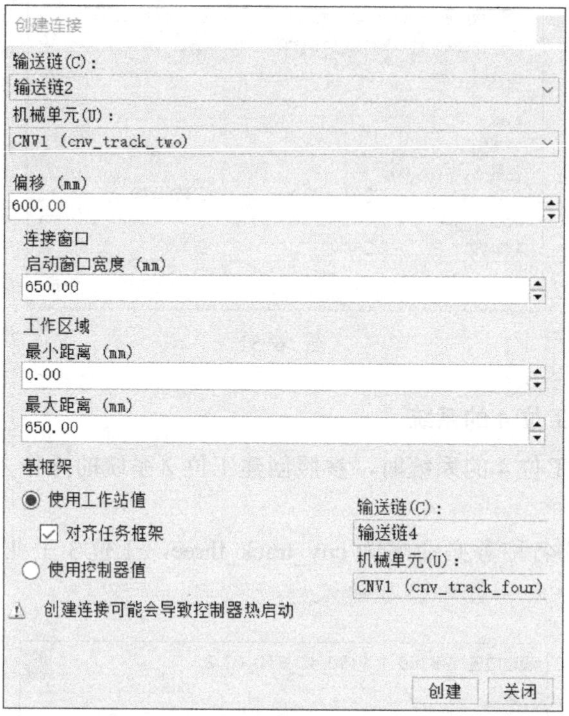

图　6-55

6.5.7　恢复控制系统与 smart 组件的信号连接

　　在进行目标点位示教及工作站仿真之前需要先恢复各工位系统与 smart 组件的信号连接，依次单击【仿真】—【工作站逻辑】—【信号和连接】，此时可以发现工业机器人控制系统与 smart 组件的信号连接列表中出现了很多红色的感叹号，如图 6-56 所示。

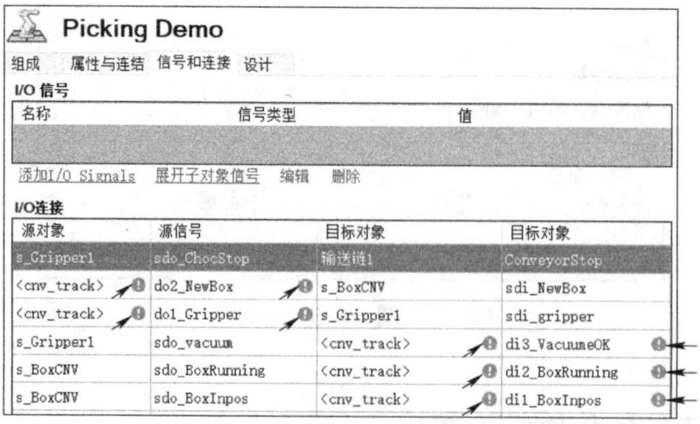

图　6-56

　　此时在【I/O 连接】列表中选中有红色感叹号的连接，然后单击【编辑】，按原样重新构建连接即可。完整的 I/O 信号连接列表见表 6-13。

表　6-13

序　号	源 对 象	源 信 号	目 标 对 象	目 标 对 象
1	s_Gripper1	sdo_ChocStop	输送链 1	ConveyorStop
2	cnv_track	do2_NewBox	s_BoxCNV	sdi_NewBox
3	cnv_track	do1_Gripper	s_Gripper1	sdi_gripper
4	s_Gripper1	sdo_vacuum	cnv_track	di3_VacuumeOK
5	s_BoxCNV	sdo_BoxRunning	cnv_track	di2_BoxRunning
6	s_BoxCNV	sdo_BoxInpos	cnv_track	di1_BoxInpos
7	s_Gripper2	sdo_ChocStop	输送链 2	ConveyorStop
8	s_BoxCNV	sdo_BoxInpos2	cnv_track_two	di1_BoxInpos
9	s_BoxCNV	sdo_BoxRunning	cnv_track_two	di2_BoxRunning
10	cnv_track_two	do1_Gripper	s_Gripper2	sdi_gripper
11	s_Gripper2	sdo_vacuum	cnv_track_two	di3_VacuumeOK
12	cnv_track_two	do3_chocCNV	输送链 2	ConveyorStop
13	cnv_track	do3_chocCNV	输送链 1	ConveyorStop
14	s_Gripper4	sdo_ChocStop	输送链 4	ConveyorStop
15	s_Gripper3	sdo_ChocStop	输送链 3	ConveyorStop
16	cnv_track_four	do1_Gripper	s_Gripper4	sdi_gripper
17	cnv_track_four	do3_chocCNV	输送链 4	ConveyorStop
18	cnv_track_three	do3_chocCNV	输送链 3	ConveyorStop
19	cnv_track_three	do1_Gripper	s_Gripper3	sdi_gripper
20	s_Gripper3	sdo_vacuum	cnv_track_three	di3_VacuumeOK
21	s_Gripper4	sdo_vacuum	cnv_track_four	di3_VacuumeOK
22	s_BoxCNV	sdo_BoxInpos3	cnv_track_three	di1_BoxInpos
23	s_BoxCNV	sdo_BoxInpos4	cnv_track_four	di1_BoxInpos
24	s_BoxCNV	sdo_BoxRunning	cnv_track_three	di2_BoxRunning
25	s_BoxCNV	sdo_BoxRunning	cnv_track_four	di2_BoxRunning
26	cnv_track_three	do2_NewBox	s_BoxCNV	sdi_NewBox3
27	cnv_track_four	do2_NewBox	s_BoxCNV	sdi_NewBox4
28	cnv_track_two	do2_NewBox	s_BoxCNV	sdi_newBox2

6.5.8　目标点位示教与仿真调试

1. 示教工位 1 的目标点位

1）依次单击【仿真】—【仿真设定】，打开【仿真设定】界面。

2）在【仿真设定】界面中，仅勾选【cnv_track】和【输送链 1】作为仿真对象，并将 cnv_track 系统的 T_ROB1 任务的 r_PointTeach 子程序作为仿真的进入点，如图 6-57 所示，设定完成后关闭【仿真设定】界面。

图 6-57

3）单击【仿真】菜单下的【播放】，当工位 1 中的绿色巧克力停止传送后单击【停止】，停止仿真，此时软件三维视图中的画面如图 6-58 所示。

图 6-58

4）将【基本】菜单下的【布局】栏中的 Box_Teach_1 组件设为可见，此时可将盒中绿色巧克力上表面中心点示教为 p_place 点位，如图 6-59 所示。

图 6-59

5）将工位 1 的工业机器人回到机械原点，此时可将此位置，如图 6-60 所示，示教 p_home 点位。

6）将工位 1 巧克力输送带上的最末端的绿色巧克力正上方中心点示教 p_pick 点位，如图 6-61 所示。

图　6-60

图　6-61

　　示教运动指令的目标点位时，务必在手动操纵界面选择与目标点位所在的运动指令语句所指定的工具数据和工件数据，然后再进行目标点位示教。在示教上述各点位时，输送带 cnv1 必须确保已被激活。在示教 p_pick 点位时，还需要确保 wobj_cnv1 已被连接。

2. 示教其余工位的目标点位

1）其余工位目标点位的示教方法与工位 1 目标点位的示教方法相同。

2）示教工位 2 目标点位时，仅勾选【cnv_track_two】和【输送链 2】为仿真对象。参照红色巧克力示教目标点位，如图 6-62 所示。

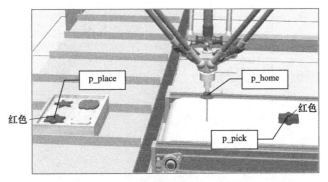

图　6-62

3）示教工位 3 目标点位时，仅勾选【cnv_track_three】和【输送链 3】为仿真对象。参照蓝色巧克力示教目标点位，如图 6-63 所示。

4）示教工位 4 目标点位时，仅勾选【cnv_track_four】和【输送链 4】为仿真对象。参照黄色巧克力示教目标点位，如图 6-64 所示。

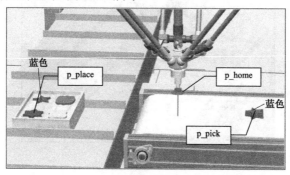

图　6-63

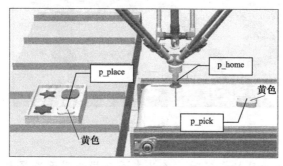

图　6-64

3. 工作站仿真调试

1）在【仿真设定】界面，将全部仿真对象都勾选，并将各工位工业机器人的进入点程序设定为 main 程序，如图 6-65 所示。

图　6-65

2）在【基本】菜单的【布局】栏中，将用于示教目标点位的 Box_Teach_1 组件、Box_Teach_2 组件、Box_Teach_3 组件、Box_Teach_4 组件设定为不可见。

3）在【布局】栏中，分别选中【输送链 1】、【输送链 2】、【输送链 3】、【输送链 4】，右击，在弹出的快捷菜单中单击【清除】，将各巧克力输送链上的巧克力清除。

4）单击【仿真】菜单的【播放】，即可进行整个工作站的仿真。若重构工作站的步骤没有错误，则能重现工作站仿真效果 .exe 所呈现的仿真效果。若未能实现预期仿真效果，则需检查重构工作站的各个步骤，发现错误并改正，然后再次进行调试仿真。

读者可扫描下面二维码下载单工位的巧克力分拣工作站 work1.rspag 来进行仿真调试练习。

课后练习题

1. 由于生产环境卫生等级要求高，机器人高速分拣装置在_____、_____生产企业中应用更为普遍。

2. ABB IRB360 标准型并联机器人有_____个轴，_____个自由度。

3. 在 ABB 工业机器人控制系统中 DSQC377B 单元的功能是_____。

4. 用于传输带跟踪的编码器，应选用_____型，_____编码器。

5. 一个 DSQB377B 单元只能跟踪_____条输送链，而 DSQC2000 CTM-01 单元，能够实现多输送链跟踪，一块 DSQC2000 CTM-01 单元能够完成_____块 DSQB377B 单元和_____块 DSQC652 单元的功能。

6. 在连接到传输带工件坐标系期间不能使用 movej 指令，此观点是否正确。（　　　）

7. 在含有输送链跟踪装置的工业机器人系统中，运行某条运动指令时报错：缺少外轴值，造成此错误的原因可能是示教该运动指令的目标点位时，传输带单元未激活。（　　　）

8. 在拾取移动中的工件时要做到吸盘与工件保持相对静止，可以使用 movel 指令的可选变量 [\inpos] 定义运动指令采用跟随类型的停止方式来实现。（　　　）

9. 用户在为含输送链跟踪装置的工业机器人控制器下编写 RAPID 程序时，不能使用因加载 DSQC377B 单元而自动创建的 I/O 信号。（　　　）

10. 输送链跟踪装置中编码器分辨率的选择与编码器的安装形式有关，但不管何种安装形式，只需满足传输带表面运行 1m，编码器发出（　　　）脉冲数即可。

　　A. 1250～2500　B. 1000～10000　C. 1000～2000　D. 2500～10000

11. 在一个已接好线的输送链跟踪装置中，当编码器的计数方向与传输带运行方向相反时，需要对调 A 相与 B 相的接线，请问需要对调的 DSQC377B X20 接口上哪两个引脚的接线（　　　）。

　　A. 1、2 引脚　　　B. 3、4 引脚　　　C. 5、6 引脚　　　D. 7、8 引脚

附录

课后习题答案

第1章

1. 点焊，弧焊　　2. 计算机，通信，消费电子　　3. 分拣
4. ×　　5. √　　6. ×　　7. √
8. D　　9. C　　10. A

第2章

1. 工具数据 Tooldata，工件数据 Wobjdata，载荷数据 Loaddata
2. SCARA 机器人　　3. 工具的质量、重心数据　　4. ×
5. √　　6. √　　7. ×　　8. A
9. C　　10. D

第3章

1. rPick3 ( )　　2. 60　　3. 启用一个由 ISleep 停用的中断
4. ×　　5. ×　　6. ×　　7. ×
8 √　　9. C　　10. A　　11. D
12. B

第4章

1. 关联和过渡　　2. 与、或、非　　3. 不可以 / 无法　　4. ×
5. ×　　6. ×　　7. √　　8. ×
9. C　　10. D　　11. D　　12. D

第5章

1. 0 ～ 10　　2. 0 ～ 15，16 ～ 31　　3. ArcCEnd
4. ×　　5. √　　6. ×　　7. √
8. √　　9. C　　10. A　　11. D
12. C

第6章

1. 食品、药品　　2. 4，4　　3. 输送链跟踪　　4. PNP 输出，增量式
5. 1，12，4　　6. √　　7. √　　8. ×
9. ×　　10. A　　11. C

参 考 文 献

[1] 叶晖，等. 工业机器人典型应用案例精析 [M]. 北京：机械工业出版社，2013.

[2] 管小清. 工业机器人产品包装典型应用精析 [M]. 北京：机械工业出版社，2016.

[3] 胡伟，等. 工业机器人行业应用实训教程 [M]. 北京：机械工业出版社，2016.

[4] 孙慧平. 焊接机器人系统操作、编程与维护 [M]. 北京：化学工业出版社，2018.